桥 梁 美 的 哲 学

唐寰澄 著

中 国 铁 道 出 版 社

2007年·北京

内 容 简 介

作者以古今中外 200 余座桥梁为背景,以西方美学、中国美学的哲学基础为依据,精辟论述了桥梁美学的范畴和普遍法则。使读者从独到的桥型评赏中得到艺术和美的享受。

图书在版编目(CIP)数据

桥梁美的哲学/唐寰澄著.—北京:中国铁道出版社,2007.6 重印
ISBN 978-7-113-03754-3

Ⅰ.桥… Ⅱ.唐… Ⅲ.桥-建筑美学 Ⅳ.TU-80

中国版本图书馆 CIP 数据核字(2000)第 25625 号

书　　　名:桥梁美的哲学
著作责任者:唐寰澄　著
出版·发行:中国铁道出版社(100054,北京市宣武区右安门西街 8 号)
策 划 编 辑:刘启山
责 任 编 辑:刘启山
封 面 设 计:马　利
印　　　刷:北京鑫正大印刷有限公司
开　　　本:787mm×1092mm　1/16　印张:13　字数:312 千
版　　　本:2000 年 11 月第 1 版　2007 年 6 月第 2 次印刷
印　　　数:2001～3000 册
书　　　号:ISBN 978-7-113-03754-3/TU·625
定　　　价:46.00 元

引　言

桥梁美的哲学就是桥梁美学。

因为一般虽讲美学,却觉得哲学太深奥,因此略而不提,或略谈几句,殊不知不谈哲学就是不谈美学。不提高到哲学高度就不懂美学,不上升为理论,不能指导实践。

一般讲美学主要讲美,不讲丑,所举实例多数是美的作品。殊不知不懂得什么是丑就不懂得什么是美。美和丑是不可分割的一组相对面,这就是哲学。

因此,这本书从哲学说起,并且举了不少丑桥和并不十分成功的"美"桥。也许更能使大家较清楚的理解什么叫美。

作者前已有《桥》一书(该书由中国铁道出版社于1981年出版,曾获全国优秀图书奖),本书不能没有,但尽量减少重复。主要是前书理论上的提高和新资料的补充。这是两本姊妹篇,可以相对照阅读。

1987年作者曾应美国国家研究学会之请赴美,参加其年会并作中国桥梁美学的演讲。1991年他们出版了组织全世界十六个国家的著名桥梁和美学专家写作的《世界桥梁美学》一书,作者代表中国参加。该书(英文)获美国国家工程师学会特别奖。拙作便是《中国桥梁美学的哲学基础》,当时限于篇幅,未能尽意。本书是尽可能详细地阐述这一问题。由于中国古文一般不容易读懂,所以以白话出之,但附以原文,以资查阅。

因为美学不是孤立的,特别是美学的哲学基础更是普遍性的东西。因此,如对美学有兴趣,也许会对书中所说的美的哲学基础也发生兴趣。

哲学理论是相对真理,美学观点更是见仁见智。书中如有错误,尚望指出,并予谅解。

桥是造不完的,美学也是讲不完的;希望现阶段和相当长一段历史时期里,我的这几本拙作能对大家有些用处。

此序

唐寰澄

一九九三年三月于武汉

目　　录

插图目录

第1章

美——桥梁美学

1.1 概　说

自作新词韵更娇,小红低唱我吹箫

曲终过尽松陵路,回首烟波十四桥。

这是南宋诗人姜夔(1155~1221)经太湖回吴江途中所做的一首诗,描绘出一幅良辰美景,赏心乐事的图画。这里面有自然风景之美、诗词之美、音乐之美、歌声之美、情之美、桥之美,更有一种心领神会的清韵之美。

大自然是美丽的! 生机勃勃的春天;万物峥嵘的夏天;果实丰收的秋天;即使是肃杀的冬天,冰雪使世界统一起来,"千树万树梨花开",银妆素裹,别有一番光景。梁·刘勰说:"我们仰视日月星辰在天上吐著光辉;俯看山川地理是一大篇锦绣文章……天地之间的万品,无论动物植物都有风采。龙鳞有文,凤羽五色,呈现出祥瑞的气氛;虎纹疏朗、豹纹理密、凝聚成美丽的姿态。云霞雕成异状,染作七彩,比画家画的还妙,草木盛开著花朵、万紫千红,不需要巧手去培栽。"("仰观吐耀,俯察含章……傍及万品,动植皆文。龙凤以藻绘呈瑞,虎豹以炳蔚凝姿。云霞雕色,有踰画工之妙,草木贲华,无待锦匠之奇。"《文心雕龙·原道》)天的崇高,地的博爱,造物的多能。人就产生和生活在早就存在着的美丽的环境之中,接受着美的熏陶。

从远古时代开始,谋生虽然是艰难,人们已经认识美,需要美,并创作美。尽管是粗犷的、简单的,这是因为手段简单,然而却已充满着原始的魅力。不管这些艺术品的创作是源于图腾说、歌舞运动说、摹仿说、劳动说等猜测,人们创作了在实用之外结合着美的工具、器皿、用具、衣著、居室、桥梁等,并且创作了满足美的享受的诗歌、舞蹈、雕塑、绘画等艺术品。有些十分完满,至今令人称羡不已;有些则使我们对之有如追忆童年时代创作的欣喜。当然,也有大量无足轻重的东西。于是,在这世界上,存在着自然之美以外的人类创造的艺术之美。

1.2　技艺不分

在众多的人工创作艺术美里,最古老和关系密切之一的是建筑。它是一种实用的空间构造技术和艺术。桥梁建筑是建筑中的一大类。好的建筑,人居住使用时感觉舒适和安全。美仑美奂的建筑,引起人们激情的美的感受。今天的建筑群里,还星罗棋布地留下众多房屋和桥梁历史文化遗迹。从中我们可以看到技术和艺术密切的关系。

古人只能以木石等自然材料进行建筑,但得以保存到今天最古的桥梁建筑只能是石桥。法国加尔德水道桥是罗马时代建筑的古石桥最完整的一座(图1)。桥建于公元前63~13

年之间(蓬内希的《加尔德桥和水道》记为公元前 19 年约为中国西汉成帝鸿嘉二年)。为了引犹来山的泉水供给尼姆城居民。跨越加东河之上建有多层石拱桥,即加尔德桥 Pont du Gard。

桥分三层。现残存最高层为水道,下有 75 个小拱支承,总长 275m,宽 3m,高 7m。

中间层共 11 孔石拱,总长 342m,宽 4m,高 20m。右岸第三孔拱上刻有奇怪的图形,引起不少猜测,认为此乃监视和驱逐魔鬼之用。1926 年法国诗人密特朗 Frédéric Mistral 记载一则故事说,魔鬼受了农夫农妇的欺骗,一气之下,把一只小兔抛掷到桥的中间层,使桥受到震动。

最下一层共 6 孔,最大跨 24.4m,总长 142m,宽 6m,高 22m。桥墩及分水尖的基础直接建造在加东河露头的石灰岩上。

桥用黄色石灰石,精确地凿制,用木模架承托,不用灰浆,砌筑而成。最大石块重 6t。桥梁表面有凹进的石孔和凸出的石块,是施工时插入拱架木梁和支承木柱之用。

13 世纪时,将最下层桥面的下游一部分作为人行道,随即改为马车道。为了有足够宽度,把中层拱桥柱下游侧凿成大凹口,几乎凿到桥的重心。下层拱桥柱加出一眺台(图 2)。路宽不足 2m,车辆时而摩擦中层拱墩身,岌岌可危。1448 年地震,几乎倾倒。18 世纪,地方当局命令把桥恢复原来的尺寸。1743 年保存原有风貌,加宽下层石拱,可以通行近代交通工具,成为现在所见到的桥式。

世界文化遗产之一,中国河北赵县安济桥,又称赵州桥,桥建于连接山西、河北的古代交通要道上。约始建于公元 595 年,完成于公元 606 年,是一座具有东方色彩的古石拱桥(图 3)。桥总长 64.4m,大拱净跨 37.02m。并列 28 道砌筑的拱券,拱顶处宽 9m,拱脚处宽 9.6m。桥为圆弧敞肩石拱,即拱小于半圆,并在大拱之上两侧还各叠有两个小拱以减轻自重,宣泄洪水。

桥的建造亦有不少神话故事。

桥上石工雕刻十分精致,栏版望柱都刻有龙兽之状,生动别致。拱券中部外侧的龙门石,刻有吸水兽头(图 4),以监视通过桥下的水怪。

东西两地两座古代匠师的杰作,在技术和艺术都有很高的成就。显然,安济桥已比加尔德桥进步不少。然而,两桥的拱券石不约而同都是并列砌法。此是技术发展阶段的局限性。虽然都有防倾措施,加尔德桥下层拱券曾因走车马而外倾;安济桥外侧几道拱券曾倾落河底。

从加尔德桥中层桥墩盲目地削弱,可见技术在当年是属于实践经验性的。基本上合乎科学,有时却背离科学。艺术的成功,两座桥都无可挑剔。加尔德桥的造型是有意识的,没有什么雕塑装饰。不填塞石孔,不凿去突出的石块,得到了意想不到的美。安济桥优美的桥型开创后来敞肩圆弧拱的先躯。平整的石块和精细的雕刻,形成可爱的对比。两桥都带有神话色彩,并借用神话的石刻来保护桥梁不受"魔鬼"、"水怪"的损害以补人力的不足,虽幼稚却可喜。技术和艺术,融会于建桥者一身。阿葛立巴(Agrippa,传说为加尔德桥的主持者)和李春,既是工程师又是艺术家。

广义的艺术包含有技艺。即包括著符合于客观规律的技术的应用,也包括着美。几乎凡是称得上神乎其技的每一行业,每一较为杰出的成就,都可称为艺术。狭义地说,只是指那些特别强调审美要求的绘画、诗歌、工艺品等。

不但技术和艺术不分,且亦不脱离哲学。

哲学家研究自然和社会现象的哲理,也研究美的哲理。在过去的哲学家那里,自然科学和美学也浑为一体。

图 1 法国罗马时代加尔德水道桥（公元前 19 年）

图 2 加尔德水道桥
13 世纪中层
拱柱凿劈图

图3   中国河北赵县安济桥(595～606)(作者)

图4   安济桥龙门石吸水兽

1.3 技艺分家

有人认为,自然科学和艺术的分化是从天文学的发达,特别是1543年意大利哥白尼的日心天体运行学说之后开始。不过,大多数技术工作者还是认为,起于十八世纪的英国工业革命和法国分科教育。

英国工业革命之后,发明了钢,出现了机器,建造了铁路。1760年起在英国,工业的推进使社会所有行业的人都动了起来,从公爵到农民都产生了发明家。如桥梁工程师泰尔福Telford便是牧羊人的儿子。工业革命随着突飞猛进地出现了以自然物质规律为研究对象的各种学科。科学的明细分工,使科学和艺术、专业技术和艺术脱了节。

科学家和工程师孜孜不倦地做科学实验,推导公式,集中力量于专门学科中以征服自然。这一工作,永无止境,并且分工越来越细。由于心无旁骛,对艺术除了个人爱好外,无力兼顾。同时亦往往认为艺术是感情的产物,而科学中虽然有对事业的激情,却不能带有私人的情感。

艺术家则认为艺术是高尚的,工程只是雕虫小技。他们孤独地沉缅于感情境界的象牙塔中,仿佛艺术中没有什么理性的东西。

科学发展产生的另一问题,便是技术和艺术教育的分工。

法国大革命之后1794年建立的实用技术学校(Ecole Polytechnique)重点培养技术科学人才。法国的大数学家、物理学家、化学家,都在那里任教。在科学理论结合实际生产方面起了重要作用。1806年拿破仑(Napolean)时代创立了建筑艺术学校(Ecole des Beaux-Arts)。学校的纲领重点是使建筑和巴洛克(Baroque)时代的造型艺术统一起来。不幸的是,反而造成学院派的纯艺术观点脱离了一般的生活条件。

这样的学科分工一直延续到今天。除了专门艺术学校以及建筑学院里教授艺术外,工程技术学校的学生不施以美学的训练。这产生了工程师和建筑师。工程师包括所有机、电、原子能、造船、土木工程等一切工程行业;建筑师仅限于建筑房屋。没有接受过高等艺术教育的科学技术人才,比建筑师多好多倍。

虽然,一个科学家或工程师不排除在业余是一位艺术爱好者。在家庭或社会中,自我接受美的教育,在工作中也进行美的创作,但这毕竟是少数。

且缩小范围于土木工程师和建筑师的关系。

工程师和建筑师分了家后,有很大一部分土木工程师养成了以结构达到建筑物功能目的为唯一要求。或有认为,美与不美是相对的,艺术要求是对设计思想的干扰,限制了选择结构的合理性,是建筑物不经济的根源。他们特别喜欢一些美学原则,如以功能合理或结构合理作为美的标准。然而他们的作品不一定是美的,大部分是有缺陷的,有些是不美或丑的。

一部分建筑师认为工程师们不懂艺术的发展历史,不懂艺术。建筑的艺术形象要靠他们来创造。结构不过是建筑的附属。特别是现代科技进步,任何建筑造型的结构问题,工程师都能解决。因此,工程师,特别是房屋工程师,应在建筑师思维指导之下工作。当然,也并不是每个建筑师都有丰富的想像创造能力,和一定成功的作品。

桥梁工程师和房屋建筑师间的关系,又有些特殊。桥梁工程师大都并不愿把整个桥梁布局和建筑师进行磋商。只是把必须赋予一定艺术化的部分,如桥上或桥头建筑、栏杆、梯道、照明等一些装饰性较强之处,请建筑师结合处理。建筑师因无法对桥梁结构提出左右性意见,于是只能心有不甘地作为桥梁建筑的附庸。在结构的外表上加上一些罩盖;看起来甚为有趣的附属物,有时结果毫无意义。当然也有合作得很好的桥梁建筑。

工业革命一段时期里,铁路建筑仍利用石拱技术或木结构。有很短一段时间采用了铸铁桥。桥式大部为拱形。铸铁拱桥和石拱极不相似,在造型艺术尚未成熟时便转入了锻铁和钢桥。一直到现在钢桥仍有极大市场。试举十九世纪两座在桥梁艺术上引起争论的钢桥为例。

1882~1890年建成的英国福斯 Forth 桥(图5)是一座规模宏大的铁路钢桥。初期采用悬索桥方案,后因设计者设计的泰(Tay)桥被风吹垮,工程界对铁路采用悬索桥产生普遍的怀疑,改用伸臂梁桥。用造船的技术制造管形压杆,以缀条联结的角钢作为拉杆。全桥共4孔,最大孔520m。伸臂长207m,悬孔106m。1896年七月初十,李鸿章曾参观过此"天下第一桥",并希望有朝一日在渤海湾上造这么一座。1913年詹天佑和英国工程师格林曾建议以此桥式造武汉长江大桥。可是当年英国朝野对此桥的评价并不一致。这是当年著名桥梁工程师班杰明·柏克(Benjamin Baker)的作品。这种桥式从来没有见过,并且受到粗厉的攻击。建筑师毛里斯(William Morris)势如破竹地宣称;"在铁制的东西中没有建筑艺术。机械制造每进一步,东西却越来越丑,一直达到所有丑陋的顶点样品—福斯桥。"

图5 英国福斯桥(1882~1890)

工程师本杰明在一次公开演讲中反驳毛里斯,说:"不知道批评者是否知道自己所讲的是什么? 或者他对胆敢批评的桥梁构造是否具有最朦胧的理解。"这样"客客气气"的唇枪舌战,直到今天仍时有发生。

当时的群众和建筑师的思想,普遍认为手工制作的才是艺术品,而"机械制造的东西是不美的"。可是也有相反的观点。

1852年美国雕塑家格林诺富(Horatio Greenough)在《一个美国石匠的旅行、观察和经验》一书中,并不对机械制造提出苛求。他认为机械形式是:"所有形式中最可爱的形式。它的价值是人的思想,丰富的,非常丰富的思想。不屈不挠的研究,无休止的试验。它们的简单(指形式)是公正的……正确的……凌驾于艺术家之上。"那是创新的精神在起作用,他对并不太美的型式采取原谅的态度。但是技术和艺术脱了节,工程师和建筑师之间发生争执,这是事实。

另外一座是 1894 年完成的英国伦敦塔桥。桥建于泰晤士河口,边孔是桁式吊架的吊桥,中孔下面是双页式开启桥,上面是备下桥而开启时人行通过的人行桥。中墩双塔的造型自然是英国式的。这是一座工程师和建筑师合作的产品(图 6),方案得到皇室支持。

图 6　英国伦敦塔桥(1894)

1944 年英国英格利斯(Charles Edward Inglis)教授在一次讲授中,列举很多不真实、伪装的桥梁时说:"伦敦塔桥是结构欺骗的另一个例子。解析其内部是为了伪装得使(钢结构的)桥塔和周围相和谐。和环境相协调是可称赞的抱负,达到多大程度的成功是一个观点问题。但我的看法,塔的建筑特性并不令人十分满意。不去考虑设计的节约(即不经济),他们宁可主张塔的城堡或别墅性(Chateau),布满了宽敞的房间,实际上内部只要电梯和楼梯……加劲桁悬吊的边跨,给人以笨拙的感觉。"

建筑物需要真实,这又是另一重要观点。

这两座桥是 19 世纪造得比较好的作品。其技术上和艺术上的缺点,已经因近代人科技和文化的优越感而采取谅解的态度。一如巴黎铁塔一样,人们不再去挑剔那些繁琐落后的结构细节的丑陋。注重它的外轮廓和气势仍是优美的,歌颂其当年的首创精神,克服困难和讥讽的毅力。各自认为是他们国家历史里程碑成功的代表之作。不过,工程师和建筑师、技术和艺术永远这样分下去,不是提高建筑物艺术水平的好办法。

1.4 技艺再合

1877年法国的建筑学院出题征答,题目是:"是联合或分离,工程师和建筑师?"答案被一个建筑师取得胜利。他说:"这个使一致的希望将永远不能变为现实、完满和有结果,直等到那一天,工程师、艺术家和科学家融合在一身。"意思就是说,靠分工而合作,总不能水乳交融,不如一身兼备,然而又耽心不能做到。接着又说:"我们长时期来有一个愚蠢的信念,就是说,艺术是人类智力形式的一个活动场合,他们的立足,起源于艺术家自身的个性和在他们的任意或浮动的观念之中。"意思就是艺术只在于天才艺术家的主观因素,这样的定义是错误的,必须从理论上更清楚地理解艺术创作的组成、动力和方法。这便牵涉到哲学的问题。

由于19世纪科学发展,传统的建筑观念不时被工程师采用新材料、新构造、新技术所打破。舆论把希望转向工程师。19世纪最后一年,亨利·凡尔弟(Henri Van de Velde)在《近代建筑中工程师的作用》一书中指出:"将有一类人,不需要多久,能掌握艺术。这些艺术家,新建筑的创造者是工程师。"

图7 伦敦塔桥夜景

他是根据日新月异,突飞猛进的工程技术而发出这样的理论。蕴藏于工程师工作中的艺术表现力和创作的可能性,工程师比建筑师更清楚。其具体实例如巴黎水晶宫(1851~1935)钢和玻璃结构一反于砖石建筑粗壮,使人耳目一新。细薄、空透,一如当年德国政治家布达(Lothar Budaer)赞之为"仲夏夜之梦"。

工程师不可能在无意识中使自己的作品达到符合美的标准。工程师必须还是个自觉掌握艺术规律的艺术家。

1941年，英国工程师学会通过一项正式决议："美学处理，必须是土木工程师的职能范围。"

1944年，英国剑桥大学有个课题，即工程师和建筑师的联合，说："建筑师必须有工程师的头脑；工程师必须有建筑师的头脑。"

技术和艺术必须再结合。建筑师要懂结构，工程师要懂艺术。

20世纪初，果然出了不少杰出的工程师兼艺术家，其中比较著名的如瑞士的罗伯特·梅拉尔脱(Robert Maillart，1872～1940)和法国的弗兰西涅(Eugene Freyssinet，1879～1962)。他们俩都是进入钢筋混凝土桥的先驱者，后者还是预应力混凝土的成功的创始者，替世界桥梁界开辟了广阔的道路。

梅拉尔脱的主要代表作为瑞士苏黎世萨古纳桥(图8)、瑞士苏尔河桥(图9)、阿凡河桥(图10)、希旺巴赫薄板拱桥。

图8 瑞士苏黎世萨古纳桥(1930)

关于梅氏在技术和艺术上的成功，诸多评论家都着重于其打破传统的创新性、获得轻巧、经济和美。轻巧经济得之于有效地应用材料。

近代美国桥梁美学教授别林登说："最好的近代结构工程作品就是艺术品，并行并独立于建筑艺术。"并没有更多地在艺术的广义含义之外具体地说明梅氏的桥美在那里。只是把梅氏比之莫扎特和伦勃朗。

吉丁(Sigfried Giedion)于其《空间、时间和建筑》一书中，比较详细地列举梅氏诸桥主要成功点是：梅氏打破了传统木结构梁、柱、墩的形式，和石拱结构笨重的构造，以薄板作为基本单元，组合成单片柱、工字形柱、变截面的板柱、弯薄板拱、弯板加边板的冗形截面拱。他说："版在此以前表现为结构中被动的部分(作隔墙等)。梅氏将之变为活跃的支承面，有可能承受所有形式的力，他发展他的原则于丰富的支承系统。"吉丁首先分析了梅氏创新的内容。

图 9   瑞士苏尔河桥（1933）

图 10   瑞士阿凡河桥（1937）

吉丁盛赞萨吉纳桥的美，说："美学中还有一个问题没有解决，那就是雕塑、图画和建筑的关系……。他的美丽的桥梁，跃出了不美的峡谷，以希腊神庙式的宁静，轻快地、弹性地跃进峡谷。尺寸纤细地消失到拱（顶）和它们之间的板的节奏的坐标中去（指拱脚处细，到1/4拱处拱板面和桥面板相接，到拱顶又变为纤细）。用板设计的桥看起来不像一般的形式和比例。我们的眼睛变为瞎子了（指用一般比例定义解释不通，此之所以美）。"

吉丁认为梅氏的板"面"和同时代毕加索的画在艺术处理上的相似性；"极轻的物质的相互作用，不合理的彼此穿透和融合……在图画构成的基本理论中，面的发展，结果形成了光学表现不可限制的情况。"桥梁建筑艺术和雕塑、图画、音乐有密切的联系。毕加索的画在世界上虽然价值连城，不过从东方艺术的观点，他是脱离现实的立体派的抽象作品，并不合东方人的胃口。何况梅氏的桥没有"渗透和融合"。其"相似性"姑且存而不论。

吉丁又认为："近代艺术和近代科学一样达到了同样的结果，但是走的是独立的直觉的步骤。和科学一样，它把事物的形状分解为它的基本组成，以便重新组合它们，使和自然的法则相调。"这便是哲学、科学中的"分析"和"综合"。无疑在艺术中同样有用。

梅拉尔脱生前并没有发表他的艺术创作观点，故难以用他自己的话来说明。何况他的作品，即他的桥梁造型，并不能被束缚于传统的当代人所接受。和凡高的遭遇差不多，等时代的偏见消除之后，才发出光彩夺目的效果。

费兰西涅设计建造过相当数量的拱桥，多数规模较梅拉尔脱所建者为大。其拱桥的代表作是法国布列塔尼(Brittany)港的博浪加斯脱桥(Plougaslel Bridge, 1930)。桥为三孔各180m大跨的箱形钢筋混凝土拱，拱上实体宽板柱支承钢筋混凝土桁式桥面梁。造型上自然和梅氏三铰拱大不相同。施工采用了重复使用浮运拱模架；拱顶处用千斤顶调整应力等措施(图11)。

图11　法国布列塔尼港博浪加斯脱桥(1930)

法国毛勒(Jean M. Muller)在《美学和节段混凝土桥》一文里，介绍弗兰西涅于桥成五年之后谈他自己的看法。弗氏称赞："布列塔尼港的光好像个仙女，她不断地把自然改换新妆，一时用铝灰，一时用银白或珍珠色，或用某些非物质的光彩。当桥梁在做载重试验的晚上，她曾以最节约的方式用贵重的珍宝，撒布在布列塔尼港和桥的每一线条上，变成一条长的虚光的玫瑰园，将已令人惊奇的整体，做另一种美的装饰。证明港口仙女，早已令仙童因人们曾欺骗过，并且知道如何去织他的足够神奇的外衣，以掩盖工作中的不足。"

这一堆美丽的辞藻可看出，工程师在赞美自己工作的伟大的成就外，也婉转地指出设计中艺术性的不足。可是他没有指出不足之处。然而从他之后所设计建造的委内瑞拉加拉加斯峡谷桥时，改整板拱上柱为并列多根拱上柱；不用钢筋混凝土桁；拱顶处桥面和拱相合并左右挑出拱顶，使桥显得更透空(虚)轻巧，并富于光影的变化。

弗氏毕生致力于发展预应力混凝土。第二次世界大战之后，需要大量重建被破坏的桥梁，他在马恩河上建成一系列双铰拱、预制节段预应力混凝土桥(图12)。桥型简单美丽,取得极大的成功。

图12   法国马恩河阿曼脱桥(1946)

弗兰西涅热爱建筑,他和法国当时著名的建筑师勒·考布西叶是好朋友。他们各自独立发展。考布西叶的建筑美学观点是"浮动的穿透性 floating transparency";"内外部空间的互相渗透"等也许影响了弗氏对桥梁造型的设计。

弗氏认为"多能的艺术家,他们创造了文明,其特点是极度关心形式的简单化和方法的经济性。"这是他毕生的信念,以简单经济去获得美。可是仅仅简单经济是不够的,必定有他更具体的桥梁艺术处理的思想。

20世纪初钢结构桥梁工程师在技术上的成就卓著,桥梁跨长遥遥领先于混凝土桥。由于钢结构细节在艺术上的缺点——零乱——尚未能克服,因此未臻完善。一直到20世纪下半叶,两者可称并驾齐驱,各有千秋。你追我赶,互有上下。

1.5　近　况

世界是不平衡的,因此桥梁技艺的分合情况各不相同。

20世纪美的桥梁主要在西欧,西欧的诸名家首推德国的莱翁哈特(Fritz Leonhardt,1909～)。他的作品令人钦羡、模仿;他的著作《桥梁建筑艺术和造型》一书风靡全世界;他在世界桥梁结构会议上向全世界提倡注意桥梁美学。

他的创作中如1963年德国的费曼恩海峡桥是一座立体结构钢拱桥(图13)。主跨248.4m。钢拱双肋于拱顶相靠;吊杆为网状钢索;正交异性板桥面上行单轨铁路和三车道公路。人称"提篮式"拱。桥式的出现出人意表,但亦实有渊源。各国模仿此式的大小桥梁甚多。

莱氏解决了钢桥结构在透视下杂乱无章的现象,从结构主桁杆件布置、杆件组成到诸平、纵和断面联结系,能省则省,简洁明瞭。他是一个多能的工程艺术家,精于索结构,提出过不少新概念,如独索悬索桥(图 14)等等。

图 13　德国费曼恩海峡桥(1963)

图 14　独索悬索桥设想

　　莱氏出身于建筑师家庭,受家庭的影响很深。他有不少建筑师朋友,并自己深刻地钻研美学理论。他是以"激情"对待所从事的桥梁和其他土木工程事业。其著作的第二章,详细介绍桥梁的美学基础,因已有中文版,故不多引。

　　纵览世界各国的情况。

　　西欧诸国,不论大小,因为有坚实的艺术根源和工业基础,总的说来艺术和技术都走在世界的先列,如图15英国恒伯悬索桥。

图15　英国恒伯桥(1983)
——英国新型悬索桥、梭形钢、箱梁加劲梁、
斜吊索;钢筋混凝土塔

　　美国很多作者,认识到自己国家在大跨度桥梁方面有很大的气魄,但承认于桥梁艺术和技术的某些方面,时时落后于西欧,近年来已经以很大的劲头赶上去。

　　加拿大和澳洲受西欧的传统影响很深,桥梁建设亦很先进。

　　日本是个极善于并高速度模仿的国家。几乎所有世界上新出现的桥式,在日本都能找到其复制品。日本第一个响应莱氏,以土木学会为主在桥梁界推广美学思想。近年日本的桥梁便是在模仿的基础上有不断的创新，形成自己的风格。

第三世界虽亦有部份自己的创作，但大部份委托技术先进的国家进行桥梁建设。

中国古代桥梁素来注重技术和艺术，并有很多非常杰出的作品。50年代初，桥梁事业有蓬勃发展的趋势。武汉长江大桥等的设计，技术和艺术并重（图16）。国外的华裔桥梁专家，如林同炎设计大师，以中国文化传统的创作精神，在世界桥梁界中著有盛誉。可惜国内的建筑艺术指导思想屡有变迁。特别是在"文化大革命"中，爱美成为"修正主义"。人民的生活大有《诗经》所称："衡门之下，可以栖迟。泌之洋洋，可以乐饥。岂其食鱼，必河之鲂。岂其娶妻，必齐之姜。"

图16 武汉长江大桥——万里长江第一桥(1957)

中国俗语称："饥不择食，寒不择衣，慌不择路，贫不择妻。"解决老百姓的温饱是最重要的工作。因此，最初的政策是"实用、经济、可能条件下美观"。合乎"食必常饱，然后求美；衣必常暖，然后求丽；居必常安，然后求乐"(《墨子》佚文)的原则。现在已从温饱型经济，转向小康型经济，美学包括桥梁美学皆已转向必需的道路，引起普遍的重视。

以竞争方式采用招投标制度，只要是健康的而不是扭曲的，可以促进新技术和艺术的高速发展，但是需要以教育和全民文化素质的提高为基础。

脱离了近二百年，呼吁了有一百年，在大学里对工程技术学科，或至少对公共、可见性建设的技术学科内设美学为必修课程，国内外都没有做到。绝大部份工程师仅从直观上讲美，或口头上讲美，甚至不讲美。分工后的职业偏见远远没有消除。招投标中，"美"不过是个软指标，或根本没有要求。有些国家,对已建成的桥梁每若干时期作美的评奖,大部份国家并无此举。

科学和美学的脱离,或科学盲目的发展,已引起不良的后果。恩格斯在《自然辩证法》里,列举了不少自然对人类的报复。现在则有更多的忧虑,出现在大部分人心中。

波兰桥梁工程师约瑟夫·格龙伯(Józef Glomb)提醒大家,技术成就引起了生活质量的恶化。他说:"作为工程师,我们不能忽略社会对无约束的、不自觉的技术发展表示忧虑。科学和技术,多少年来被认为是人类的伟大,并为人类创造财富和快乐,现在已经变为引起人们忧虑和恐惧的事情……破坏了人和自然之间的统一。"破坏了环境的美。

美丽的事物是永恒的享受。美丽的世界可以增加人生的和平、乐处、留恋、爱惜、信心和动力。

1.6　哲学——美学

科学家、工程师接受艺术教育最困难的,是还没有形成一整套适合他们的艺术理论体系。何况艺术本身,所牵涉到一般性的其他学科,如哲学、心理学、伦理学、逻辑学等,覆盖面极广。再加上具体科学或工程,其本身的特殊性规律,随着历史演变,其内容和要求亦在不断地变化。

历来谈艺术美,不论中外,其专门著作以文学、诗歌、音乐、舞蹈为主体。建筑艺术,相对地说所占比重不大,而桥梁建筑艺术的专论,可以说自 20 世纪才开始。现在普遍采用的名称为桥梁美学。

美,在哲学研究中虽然很早就是一个重要范畴,研究亦十分热烈,然而没有美学专称。美学 Aeathetics 的专称和专著,自德国的鲍姆嘉登(Baumgarten,1714~1762,约中国清康熙末到乾隆年间)开始。美学一辞乃借用希腊名词,其原意为感觉、感性认识。美学是从哲学中分离、独立出来的。1928 年法国丹纳在著作《艺术哲学》中赋予美学的定义是"关于艺术的哲学就是所谓美学"。

鲍姆嘉登认为心理活动分为三种类型,即:"知"是属于理性认识,其学科为逻辑学;"情"是属于情感的作用,其源于感性认识,其学科应为美学;"意"即意志,其学科为伦理学。

逻辑学和伦理学在此以前都已有了。美学自他始称,他被称为西方美学之父。

他在《美学》一书中说:"美学是以美的方式去思维的艺术,是美的艺术的理论。"

"美学的(研究)对象就是感性认识的完善,这就是美;与此相反的就是感性认识的不完善,这就是丑。"

美学既是情感的作用,"情感愈强烈就愈明晰生动"等等。

不懂得美和丑的区别就无法谈美学。

虽然美学从哲学中独立出来,但本身仍是属于哲学的范畴。虽然好像只是谈感性认识中的情感作用,但是绝对不是说完全脱离逻辑和伦理。

从此,我们将接触和设法弄懂一系列的哲学问题。只有提高到哲学高度,才能理解美的特征和内外部联结关系。

哲学素称玄学,其用辞的抽象玄虚程度,科学家特别是工程师往往望而生畏。

美国鲁道尔夫教授(Arnheim Rudolf)1954 年所著《艺术和视觉》内说:"我相信,很多人都觉得眼花缭乱和疲劳于关于'美'的谈话的暧昧性。那些谈话,简直是流行术语和被分解了的美学概念、伪科学的装饰、为了临床症状不相干的追求(指想判明美或不美却说了很多题外的话)、精心策划的废话和美丽的辞藻警句。艺术是世界上最具体的东西。那里不存在搞乱要想知道更多一些的这方面人的理由。"

莱翁哈特说:"50 多年来我关心阅读了许多关于建筑方案的美学设计问题,并对不同的表演艺术领域中的作品进行了美学质量的评价。我几乎因美学中的少数哲理性争论而感到失望。这可能是因为我发现好多哲学家的智力技艺(如:存在是存在着的存在)实在难以追随。"

基于以上理由,目前大多数关于专业性学科的美学,如桥梁美学著作,却有心规避题目上已规定的"美学"的理论问题,只从桥梁的特殊角度,以少数几条法则、则例来说明何者为美,何者为不美。这些法则或则例,缺乏理论,便缺乏它们彼此之间有机的联系,有目无纲,使人知其然而不知其所以然。

罗马时代建筑师维脱罗威(Vitruvius)早就指出:"一个建筑师,假如只有实际工作能力而没有理论,假如他只有职业技巧的一个方面,那末他所能获得的不会超过一个构造工作才能的声誉。而假如一个人只信赖理论和思索,只不过是理论的影子。"只有两方面结合起来了,就像完全武装起来了一样。

只有有实践基础,并提高到理论高度,才能对美学、桥梁美学有深刻的理解,达到运用自如的程度。因此,即使对哲学一知半解,也只能硬了头皮闯进去。工程师缺少的正是这些"玄妙"的东西,不能当别人在卖弄的时候,为之结舌瞠目。哲学家也只是个普通人而已。

鲁道尔夫说得对,要涉及但不要包罗万象。不能让暧昧的、不相干的、伪科学的思想扰乱了我们。《老子》说:"少则得,多则惑。"毕竟桥梁美学不是美学的全体,美学也不是哲学的全体。

桥梁美学只想涉猎西方和中国哲学中有关的部分。各种自然主义、实用主义、表现论、实证主义等所强调各自不同的出发点在美学中的作用;新产生的一些学科,如符号论、控制论、信息论、系统论等——企图结合和解释美学的论点都舍弃不谈。

1.7　"美"的种种

要通过美学,最基本的先要知道什么叫美。美的定义可谓五花八门。

战国时代孟轲认为:"内容充实的称谓美;充实的内容是光明正大的称做大。"("充实之谓美,充实而有光辉之谓大。"《孟子·尽心》)他从思想意识、道德品质角度出发,内心充满了"善"和"信",其举止便美。"丽"字的意思之一亦即"光明",所以合称美丽。"谁家女儿对门居,开颜发光照里闾",光彩照人,美而且丽。"

东汉许慎从字体的构成分析,"羊大为美"(《说文解字》)。意识到美的起源是人对劳动成果——羊养大了,可以食用取皮,得生活享受的喜悦。

中国历来认为和谐是天人相应,生活的必需。希腊雕刻家毕达哥拉斯(Pythagoras,公元前 580～500)给美的定义是:"美就是和谐。"是人本身及与自然界相协调以达到和谐而产生了美的感受。

希腊哲学家苏格拉底(Socrates,公元前 469～399)却说:"美必定是有用的。衡量美的标准就是效用。有用就美,有害就丑。"这是美的社会标准,以美的目的性角度来分辨美和丑。

柏拉图(Plato,公元前 427～347)认为最高的美是"凝神观照"理式世界所"得到丰富哲学收获……以美为对象的学问"。美的存在是客观唯心的。

亚理斯多德(Aristotle,公元前 384～322)的观点是:"美与不美,艺术作品和现实事物分别,就在于美的东西和艺术作品里,原来零星的因素结合为一体。""美就在于体积大小和秩序。""美是一种善,其所以引起快感,正因为它善。"他从感性认识的要求和理性认识的要求,分别替美下定义。

圣·奥古斯丁(St. Augustine,354～430)说:"美是各部份的适当比例,再加一种悦目的颜色。"他只提了感性认识的要求。这是集合了过去一些哲人的看法。说到美和比例及色彩有关,起源于画家,建筑师亦遵信这些,即使对什么是比例还没有完全弄清楚以前,亦然深信不疑。

英国博克(Edmund Burke,1729～1797)却说:"我所谓美,是指物体中能引起爱或类似爱的情欲的某一种性质或某些性质……。""美不在比例"、"不在适宜或效用",这就和前面几家唱起反调。把美完全归之于异性的情感。和唐代元稹所谓:"大凡物之尤者,未尝不留连于心,是知其未忘于情也"的意思相仿。美感和一定的情欲感联系起来。

美学创称者鲍姆嘉登说过:"美就是感性认识的完善",反之为丑。所以亦有人称他为美学的罪人,因为他似乎只停留在感性认识上面。

大哲学家康德(Immanuel Kant,1724～1804)说过:"美是一个对象符合目的性的形式,但感觉到这形式美时,并不凭对某一目的的表现。"他还有很多关于美的说法。目的论乃其中之一。于是自然界的美便是上帝的目的。

黑格尔(Friedrich Hegel,1770～1831)的意思是:"美就是理念的感性显现。""以最完善的方式,表达最高尚的思想,那是最美的。"以感性显现本自绝对理念,唯心主义的思想所特别产生。

沙俄美学家车尔尼雪夫斯基(1828～1889)把美等同于生活:"任何事物,我们在那里面看到依照我们理解应当如此生活,那就是美。"虽然把美从天国回到人间。可惜,"应当如此"却难得有一定标准。

关于建筑物的美,在西方最早应数罗马时代宫廷建筑师。玛库斯·维特鲁威 M. Vitruvius 所著《建筑十书》认为,建筑之美在于比例。建筑的理论是:"证明和说明建筑物的比例与规则的能力。"

康德的学生叔本华(Schopenhouer)说:"建筑之美在乎重量和支承。""最动人的美好像是最完善地表达材料的强度和荷重之间的斗争所形成的。"

法国建筑师考布西叶称:"当那里以经济的定律所控制和数学的精确性与勇敢和想像相结合,那就是美。"这好像在歌颂他朋友弗兰西涅的桥梁作品。不过,他又说:"建筑师的工作是用原材料建立感情的关系。"

路易斯·沙利文(Louis Sullivan)的一个意见是:"功能合理就是美。"

英国的爱德华·瓦德斯渥斯(Edward Wadsworth)也同意此点,只是说:"美是在功能基础上提炼出来的。它产生视觉的满足,或刺激视觉的快乐或激动。"他不同意"功能结束后艺术开始",认为"没有理由说,纯功能的结构是不美的"。

所有上列所举,断章取义似的美的定义,只是极少的一部份。然而可以看出,正如瞎子摸象,或从自然的角度、或从社会的角度、或偏重理性、或强调感性等。我们认为那些是对的? 或则全部都照顾到才算是全面?

德国画家杜勒(Albert Dürer,1471～1528)说:"美究竟是什么? 我不知道!";"我不知道美的最后尺度。"要一语道破天机似地替美下一个最简单的定义,是不容易的。每个人随时随地和美和丑的事物相接触,并且有意识或无意识地在创作美,却对美说不出道理来,这有可能吗?然而竟然是事实。

我们且把这些美的定义,暂时存放在思想里,通过理论提高和实践经验,自然会"迁想妙得","心领神会",最后自己进行判断,何者为丑,何者为美。

美学既然是美的哲学。理论提高自然应从哲学基础开始。

第 2 章

西方美学的哲学基础

2.1 概　说

西方美学或艺术哲学本是哲学的一个主要组成部份,并且人称是哲学中的一项皇冠。哲学包罗万象,范畴众多,本章只概述与美学密切相关的部份。西方哲学多称主义。主义者,以某一种主张作为其主要论点的意思。确实大多数哲学家坚持某一特定主张,但是很多哲学家,往往有时在这里这样讲,在那里又修改补充自己的说法,并不一定确切不移地坚持一种意见,随时有所进步。况且所论事实,不管承认与否,大部都是从实际经验经思考中得来,虽然各有所偏,往往只是说法不同,或前后次序相反,结论有所迳庭,彼此之间是可以互相补充的。

西方的哲学家之间,常是互相攻击,不遗余力。正像中国百家争鸣的时代,"你说不对我说对,你说对我说不对"。其实"这桩事是因那桩事引出来的,那桩事亦因这桩事而发生关系……。所以聪明人不跟人说错或对,拿客观规律来予以验证。"("以是其所非,而非其所是……彼出于是,是亦因彼……是以圣人不由而照之于天。"《庄子·齐物论》)我们先确定这么个原则,然后再看哲学中的派别。

西方哲学基础中有两个根本性问题,即认识论和辩证法。

认识论所研究的问题是人能不能认识世界? 如何去认识世界? 思维对感性认识的关系,以及所认识的世界是什么样的?

认识有以先天的先验理性作为客观世界和人类知识的基础,哲学中称为理性主义。

认识以感性经验为基础,哲学中称为感觉主义和经验主义。

理性主义者往往是唯心主义的。

感觉和经验主义者往往是唯物主义的。

动摇于唯心唯物之间就有二元论、怀疑论,甚至为不可知论。

唯物主义者认为这个世界上精神是第一性的。其间又可区分为主观唯心主义和客观唯心主义。唯物主义者认为这个世界上物质是第一性的,又可区别为机械唯物主义和辩证唯物主义。

辩证法原来仅作为探讨问题的一种方法,之后,演变为认识和反映为客观的基本规律。

从认识世界中我们认识美;从理解世界辩证发展的规律中我们发展美。

人有目、耳、鼻、舌、身,可以通过视、听、嗅、尝、触五种感觉,了解我们周围客观世界的形象和运动。通过某些直接的遗传性的反应和头脑的思考,归纳、演绎,作逻辑思维和类比联想,得出概括性的概念。从感性认识,提高到理性认识,作出判断,指挥全身,向客观世界作出反应——有时极快、有时需要较长时间。这可以说是现在大家都承认的认识论。

科学发展到如此高度的今天,理应说极少有人怀疑世界的物质性和人能够认识和改造世界。不过,历史发展进程中,直到今天,尚有宗教信仰存在,认识并不一致。特别是牵涉到精神世界有关的问题上;即使是卓有成就的科学家,也还有时动摇不定、举措失当。今以普遍认可的认识,简述一下各种不同看法。

2.2 主观唯心主义

唯物主义者亚理斯多德认为:"凡是不曾存在于感官的东西,就不可能存在于理智。"意思就是我们的理智是凭感官从客观世界中接受来的。可是主观唯心主义者却认为:"不存在于人的知觉中的东西是根本没有的,没有主体,就没有客体。"或更概括为:"存在就是被感知。"这是主观唯心主义的典型代表,英国主教乔治·巴克莱(G. Berkeley,1684~1753)的言论。

他举例说:"我看见这个樱桃,我触到它,我尝到它……它就是实在的。你如果去掉柔软、湿润、红色、涩味等感觉,你就是消灭樱桃……。我肯定说,樱桃不外是感性的印象或各种感官所感受的表象的结合;理智把这些表象结合为一个物或给予它一个名字。"

客体确实是以感知的方式使人感觉到它的存在。没有存在就没有感知,然而不是没有感知就没有存在。当你没有感知它时,作为客观世界还是存在著。这就是"存在是(客观世界)存在(著)的存在。"

彻底或极端的巴克莱主义就是"唯我论"。张开眼睛,我就创造了宇宙,闭起眼睛,我就消灭了宇宙。当然,假如他闭了眼睛走路,就会碰得头破血流;而头破血流之后,才感知有存在,岂不为之晚矣。

法国唯物主义者狄德罗(Diderot,1713~1784)批判主观唯心主义者巴克莱之流是一架"发了疯的钢琴"。"这曾是一个发了疯的有感觉的钢琴,以为它是世界上仅有的一架钢琴、宇宙的全部和谐(包括美)都发自它的身上。"这种极端疯狂的理论,现在倒不多见 。可是有些创作或评论者,以不讲"道理"的态度说"我说美就美,我说不美就不美",便带有主观唯心主义的色彩。

有些理论,初听甚有道理,细想才知道其不足和错误。譬如说:"美存在在那里? 美是不是物的属性?

雕刻家把一块顽石,雕刻成一尊美丽的雕像,就有多种不同的分析。

普洛丁(Plotinus,205~270)说:"这块已由艺术家按照一定'理式'的美而赋予'形式'的石头(即指雕像)之所以美,并不因为它是一块石头(否则那块未经艺术点染的顽石也就应该一样美)而是由于艺术所赋予的理式。这理式原来并不在石头材料里,而在未被灌注到顽石里之前,就已存在于构思的心灵里"。所以说艺术美是理想化的结果。其实他还没有说清楚"心灵里的构思"的基础或蓝本是从那里来的。

英国夏夫兹博里(Earl of Shaffesbury,1671~1713)也说:"美的、漂亮的、好看的,都决不在物质上面,而在艺术和构图设计上面。决不能在物体本身,而在形式,或赋予形式的力量。"创作的材料是准备被美化者,艺术家才是美化者。所以"真正美的是美化者而不是被美化者"。古罗马建筑师维特鲁威称之为"表示者和被表示者"。

同样的一块顽石(或建筑、造桥原材料)为什么在一般人手里不能成为艺术品,只有当经过高明的艺术家或建筑家处理后,才会取得美的形式? 这是一种主观的精神的力量在起作用。抱有这样的观点,自然不认为美是事物的属性。"物体里没有美的本源"。

英国休谟(David Hume,1711~1776)在反对希腊毕达哥拉斯学派认为圆球形是最美的说法时,他说:"美只是圆形在人心所产生的效果。人心的特殊构造,使它可感受这种情感。如果你要从圆上去找美,无论用感官还是用数学推理,在圆的一切属性上去找美,你都是白费气力。""美不是事物本身的属性,它只存在于观赏者心里。每个人见出一种不同的美,这个人觉得丑,另一个人可能觉得美。"

这里还牵涉到了美的相对性问题,留待以后再说。他也认为美只存在艺术家心灵之中。同样是以顽石作雕像为例,却还有截然不同的认识。

文艺复兴时代雕刻家,米开朗基罗(Michelangel,1475～1564)认为:美的形象原已隐藏在顽石里。雕刻家的任务就在把隐藏美的形像的那部份顽石剜去,使原已存在的美的形像显露出来。

从文字上看,这样的理论很容易被主张美在心中而不在物中的人驳倒。剜去的这部份顽石内中有没有美? 用剜去的顽石再凿一个小雕像,岂非其中也仍有美? 若雕刻家在不小心的情况下把已成雕像弄破了相,留下的和凿掉的岂非都不美,美那里是事物的属性?

关于米开朗基罗的引文是间接叙述,没有说明说此话的背景和含义。美,毕竟不是矿石中的金刚钻或宝石,可以剜去顽石,露出光彩。美不可能以这样的方式存在于物质之中。也许原意有如"土里有黄金"劝人去辛勤耕耘一般的寓言而已。

美是客观事物的属性并不正确,美是艺术家心中的理式也不全面。强调主客观的那一方都是有所偏向的。

美是心灵中的理式,又如何去解释自然美的存在? 美既然存在于主体人心灵之中,那它又从那里来的?

影响最深,长期控制西方美学的哲学思想是客观唯心主义。

2.3　客观唯心主义

客观唯心主义的代表是希腊的柏拉图和以后的新柏拉图学派。

柏拉图的世界观是存在著永恒的、无始无终、不生不灭、不增不减的永恒世界,他称之为"理式或理念世界"。然后才有感性的现实世界,其间才有艺术世界。

感性现实世界是理式世界的摹仿或影子。艺术世界是感性现实世界的摹仿或影子。于是艺术世界就是理式世界摹仿的摹仿、影子的影子。理式世界是存在但不能逼视。他举例说,我们只能看到光所照耀著的东西,即"分有"光的东西,却不能逼视光的来源——太阳。

虽然他认为人们的认识过程是从"某一个美的形体开始"。"第二步……了解此一形体或彼一形体的美与一切其他形体美是贯通的。这就要在许多个别美的形体中见出形体美的形式(指从个别到一般)。"再进一步看到"心灵美","各种学问知识"的美,即宏观美的概念,最后达到认识理式世界最高的美。"这种美是永恒的,无始无终、不生不灭、不增不改的。"

除了永恒的理式这一点外,他的认识过程应该说是正确的、唯物的,而其结论却是颠倒的。所以有人认为,柏拉图的说法自己前后不一致。不过,柏拉图看来,世界模式是肯定的。从个别看到一般,看局部看到全体,不过是从脚向上看到头,和他的世界模式并没有相违背之处。其实宇宙是无限的,直到现在科学还没有探究到它的边际和起头。柏拉图认为它的头是理式世界,不是物质世界而是精神世界。是精神世界但是客观存在,所以他的观点是客观唯心主义的。

主观唯心主义者在艺术创作中向物质中输入的"理式",柏拉图的看法是"神"给予的灵感。这一灵感或是神的凭附,或是不朽的灵魂从前生带来的回忆。新柏拉图学派也认为是天才的触机而发。

柏拉图说:"磁石不仅能吸引铁环本身"而且把吸引力传给那些铁环,使它们也像磁石那样能吸引其他铁环。……诗神就像这块磁石。她带给人灵感。凡是高明的诗人……都不是凭技艺来做成他们优美的诗歌,而是因为他得到有神力凭附著的灵感。"

在现今世界的宗教圈子里,神的凭附还认为是天经地义的。在无神论的圈子里,天才触机的灵感大有市场。当然,有时把灵感从物质方面来解释,作为由知识积累的基础上,精神奋发,意志专一,思路通畅的现象,这又另当别论。

埃及的普洛丁(Plotinus,205~270)是个新柏拉图学派。他的世界图式是:神(或太一)先"放射"出"世界精神"或"世界心灵"(等于柏拉图的理式世界);世界心灵再放射出"个别心灵"(柏拉图的心灵美);最后放射出物质世界。

神或太一其放射出的理式是真善美的统一体。所以他对美下的定义是"真实就是美,与真实对立的就是丑";"美也就是善";"丑就是原始的恶"等。他谈到了美的一些社会性的正确的内涵,不过其出发点是客观唯心主义的。

德国古典哲学的集大成者黑格尔,以"宇宙精神"或"绝对精神"、"绝对观念"、"神圣意识"为第一性。认为绝对精神不在世界之外,而在世界之中,是世界内部固有的精神基础,所以他是客观唯心主义者。

美既然是"理式"通过灵感"放射"到感性事物之中;反过来,事物中的美是"理式"的显现。那末,人靠什么来认识美?

新柏拉图学派的夏夫兹博里(The Earl of Shaftesbury,1671~1713)等创造出"第六感官"说:"眼睛一看到形状,耳朵一听到声音,就立刻认识到美,秀雅与和谐。行动一经察觉,人类的感动和情欲一经辨认,也就由一种内在的眼睛分辨出什么是美好端正的,可爱可赏的;什么是丑陋恶劣的,可恶可鄙的。"

他的门徒哈奇生(Francis Hutcheson,1694~1747)说:"有些事物立刻引起快感"是因为它们"适宜于感觉到这种美的快感的感官。""把这种较高级的接受观念的能力叫做一种'感官'是恰当的。因为它和其他感官在这一点上相类似,即:所得到的快感并不起于对有关对象的原则、原因或效用的知识,而是立刻就在我们心中唤起美的观念。"

不需要关于美的知识就能理解和接受美,因为美是先天带来的理念。

"内在的眼睛","内在的感官",近来称为"艺术细胞"等,区别于接受视、听、味、嗅、触觉五个方面的感官而称为第六感官。

彼得·弗·司密斯(Peter F. Smith)在1979年的《美学答辩》(《Plea for Aesthetics》)中说:"美学价值并不是事物的天生属性,而是由观察者头脑提供的某种东西,一种由理解和感觉的判断。"他认为我们脑子的一部份能够对外部的刺激有所反应,不需要通过意识头脑,不需要掌握大量信息。这些美学信息过程的潜在意识活动是在中脑和叶脑的原生结构的边缘系统中进行。我们对遗传的研究得出我们有一定量基本的先天的感觉。司密斯甚至说,这一美感已发展成我们中枢神经系统的最高能力之一。

可见司密斯主张有类似于"艺术细胞"的存在。可是,大多数的遗传学家认为,遗传是父母的基因及父母体内外的构造和智慧的潜能,并不能传递知识。没有后天的教育,智商永远等于零。而中国告子所说先天的"食色,性也"的"色",只是指性的生理而不是审美心理。

第六感官或变相第六感官的说法,现在仍有人在提,一半或是在取笑,当然,事实上是没有的。

2.4　唯物主义

唯物主义者认为物质是第一性的。宇宙中的一切都是物质的产物。

早期的唯物主义者,试图把世界统一为某一种或几种物质以解释自然现象。在西方,或统一于水(泰勒斯);或统一于火(赫拉克利特)或统一于空气(阿那克西米尼);或统一于四种物质元素,火、气、水、土。在中国则有金、木、水、火、土的五行学说。

德谟克利特(公元前 460～370 年)等都认为宇宙只有原子和虚空,即存在和非存在。万物都由原子构成,只在形状、次序和位置上有所区别。

卢克莱修(公元前 98～53 年)同意并发扬原子和虚空的学说。他说明人的感觉道:

"此外再注意蜜汁或浮液,

在口里引起一种愉快的味觉。

而令人作呕的苦艾和辛辣的龙胆草,

则用它们恶劣的味道叫人嘴都歪起来。

由此很容易看到:所有一切,

能够愉快地触动我们感官的东西,

都是由圆滑的原素所构成;

而那些显出苦味和辛辣的东西,

乃由弯弯曲曲的原素缠结在一起而构成。

因此老是钩呀割呀才进得我们的感官,

而当它们进入时就撕切着我们的身体。

总之,所有对感觉好的和坏的东西,

既然由如此不同的形状所构成,

所以彼此是敌对的——以免你会以为,

尖锐而使人起疙疸的拉锯子的声音,

也是由于同样光滑的原素所构成。

……。"

他同样认为琴弦的乐声,美妙的歌声,西西里的番红花和阿拉伯的香水味,赏心悦目的色彩等等都是某种平滑的元素构成;反之,噪声、臭味和刺眼的东西都是粗糙或尖锐的元素所构成。当然,实际上感觉的反映不仅是生理的,同时也有心理的因素;不仅是自然方面的原因同时有社会方面的原因。整个桥梁建筑线条流畅,接合圆滑和顺,也是取得桥梁美的重要因素。

原子学说的创立是有价值的。近代的原子学说认为物质世界是振动着的粒子——粒子和其震动波的复杂组合,并以之探索微观世界的组成和宏观世界的形成。

早期的唯物主义者的形成,是从物质的人,接受物质的物的刺激而产生的反应,坚定自己的信念。所以关于美的探求,大多是从自然科学的观点。感觉便是构成认识对象的原子组合,对构成认识主体的原子组合发生作用的结果。

18 世纪自然科学中力学发展很快,因此,很多美学家,如前述叔本华说的美在乎重量和支承的斗争等,极符合于精通结构力学的工程师们的心意。可惜,这是机械唯物主义的。就是说是从静止的、不变的,单方面从物质角来看美的美学。

用自然科学观点看世界的毕达哥拉斯学派从音乐中看出"美就是和谐",推而广之,也看出星体以一定的规律作和谐的运动,称之为"宇宙和谐"。世界是"数的和谐"较简单的"力的和谐"要内容丰富得多。这一派的认识是唯物主义的。研究恐是远远没有结束。

唯物主义者都认为触发起美感的来源是起于意识之外,引起我们感觉的物质之中。其实唯心主义者亦未尝不是通过感性认识这一起点,只是在接受了起点之后,达到一定高阶位置时,便不承认和抛弃这一起点。

英国休谟,是由经验、感觉,走到极端,走入唯心的道路。他在《论人性》中写道:"美是(对象)各部份之间的这样一种秩序和构造;由于人性的本来的构造;由于习俗;或由于偶然的心情,这种秩序和构造,适宜于使心灵感到快乐和满足,这就是美的特征。美与丑(丑自然倾向于产生不安的心情)的区别就在此……。"

我们且撇开他自己的唯心的解释,因为反而会弄糊涂我们的思想。按叙述的内容,他是唯物的,甚至是有辩证的关系。因他说美感的产生是由于审美对象的秩序(建筑界或称之为序列)和构造,成为审美主体——人,其感情认识,通过三个方面,即生理、心理方面(人性的本来构造);社会的制约和普遍性方面(习俗);和个人的特殊经历方面(偶然的心情),引起了美感(他只说快感和满足),即理性认识的美感。这样去理解理应是比较正确的了。

美不是客观事物的属性,而是客观事物中某些属性(秩序、构造、再加上质地、色彩等)对人所引起的情感上的作用。

美也不能仅仅是主观意识的产物。脱离审美对象又何从谈美。

美的观念还是变动不居的。因此,要求辩证法。

2.5　辩　证　法

在认识论中要谈到西方的辩证法。西方的辩证法有其历程。

首先,古希腊人的辩证法把对立的观点,加以比较辩论,以便求得真理的方法。

辩论、争辩,要有一定的技巧。一种是由浅入深,由表及里,由片面到全面,纠正错误,完全按照客观的事实在论证,真理愈辩愈明的方法。

另一种则是玩弄语言和概念不定的特点,文过饰非,进行为自己观点辩护的方法,那就是"聪 明人"的诡辩术。

苏格拉底的辩证法是使对方观点自己发生冲突,从而揭露对立观点中相违背之处的技术。

柏拉图的辩证法是:为了解决哲学问题而善于提出问题和作出回答的一种本领。是使得理念的"回忆"得以实现的一种方法。因为柏拉图的认识论是唯心主义的,认为认识的唯一源泉是不死的灵魂对"理念"世界的回忆。

看来这些辩证法都和后来所称的辩证法(即事物的辩证关系)有一定的距离。虽然不同意见之间的辩论是必要和有益的,不过,这样辩论的结果,由于时代辩证者的水平,可以得出正确或错误的结论。并且会自觉不自觉地,在维护个人的"尊严"的观点,一不小心,走上诡辩的道路。

希腊的赫拉克利特(约中国春秋周景王十五年到战国周元王六年)被称为真正的西方辩证法的奠基人之一。他的言论只有些片断。他说:"在我们身上,生和死、醒和睡,少和老是同一的东西。后者变化了就成为前者,而前者变化,又成为后者。"

"冷变热,热变冷;湿变干,干变湿。"

结合物既是整个的,又不是整个的,既是协调的,又不是协调的;既是和谐的,又不是和谐的。从一切产生一,从一产生一切。"

"相互排斥的东西结合在一起。不同的音调造成最美的和谐。一切都是斗争所产生的。"

他把对立面的差别,斗争和结合的规律,叫做"普遍的逻各斯"。熟悉形式逻辑的人只知道甲是甲,乙是乙,不理解甲又可以是非甲,甲和非甲是统一的。正是这个时期,这种辩证观点,在中国已成为确立的系统,起着指导世界观和人生观的作用。可是在西方,如此辩证的思维,人们"都不了解它"。

只有赫拉克里特认为这是客观规律。"世界是包括一切的整体。它不是由任何神或任何人所创造的。它过去、现在和将来都是按规律燃烧著,按规律熄灭著的永恒之火。"他文中的"火",不是文学上的形象化,而是早期唯物主义的世界基本组成物质之一。"土死火生,火死空气生,空气死水生,水死土生"的"四行"生熄观。

毕达哥拉斯(也在春秋时代)也有万物是由对立面组成的学说,他举有:"有限与无限;奇和偶;一和多;左和右;阳和阴(指性别);动和静;直和曲;明和暗;善和恶;正方和长方。共十对相对面(其中正方和长方一对并不贴切)。并且认为它们之间是不能转化的。所以只是二元论而不是辩证法。所以人说"这是一些枯燥的、没有过程的、非辩证的、静止的规定。"

意大利杰出思想家乔尔丹诺·布鲁诺(1548~1600,明·嘉靖 27 年至万历 28 年)是个无神论者,他饮佩赫拉克利特,并提出一个辩证的思想,认为在宇宙的无限统一中有"对立面的一致"。他企图用辩证法解释自然。自然界的一切,从最微小的物质粒子——原子,直到无限的无数世界,都处在相互关系和运动之中。

他说:"谁不知道,消灭和产生的开始是统一的?难道消灭过程的最后一个阶段不正是产生的开始吗?难道我们没有同时讲过,此消彼长,今即是昔吗?……消灭就是产生,产生也就是消灭;爱情就是仇恨,仇恨也就是爱情;总之,对反面的恨也就是对正面的爱;对前者的爱也是对后者的恨(此点不明确)。因此,爱和恨是同出一源的,友好和敌意也是如此。"

他对对立统一的辩证认为没有能形成更完整的体系。唯物主义和辩证思想在欧洲遭到教会的严厉制裁。布鲁诺被活活烧死。

那个时期还有托马斯·康帕曾被囚禁,因为他在批判宗教中的唯心主义诡辩的《宇宙大祸根》诗中写道:"我生下来就是为了打倒邪恶、诡辩、伪善和暴虐无道。"

西方的辩证法被宗教所扼杀,而当时中国明代以理学为代表的辩证思想已达到极盛的时候。

西方哲学界到康德(约为清雍正、嘉庆年间)达到一个高潮。他的哲学思想表现在逻辑学方面。认为普通逻辑(或形式逻辑)研究思维的纯形式,脱离了内容。他提出先验逻辑。先验逻辑包括先验分析论和先验辩证论。在他的哲学范畴中有相对立的因素,如:有限和无限;可分和不可分;可能和不可能;简单和复杂;必然和自由等等相对面。可是通过他的辩证论与先验逻辑去分析证明,得出正题和反题都是有理由的,驳不倒的。看不到正反之间的互相转化,于是得出著名的"二律背反论"。

可以说"辩证法"在康德那里是有的,但亦没有成为严整的体系。

康德的美学观点是调和经验主义和理性主义。把经验主义认为审美活动只带来了感官的快感,和理性主义"美是符合目的"结合起来,再加上他自己的判断,为:"审美趣味是一种不凭任何利害计较而单凭快感或不快感来对一个对象或一种形象显现方式进行判断的能力。这样一种快感的对象就是美好。"这种美没有什么目的性。

不计较个人利害,美就有普遍性。他把美感仍沿袭而称为快感。

他又说:"美是一个对象的符合目的性的形式。"于是美又是有目的的。有目的的和无目的的是"二律背反",都有理,都可作为美的定义。

目的性若理解为神的意志,那就是客观唯心主义。在艺术美中,目的性解释为人的企图和目的在物质中的实现,那就是唯物的了。

康德还提出过这样一个辩证的原则:"一切有限的东西,一切有开始和起源的东西,它们自身里就包含著它们是有限的这个本质上的特点;它们一定要消灭,一定有个终结。"这些话只说了一半,因为有终结就会有新的开始。

康德的结论是从宇宙的起源(星云学说)而推测到宇宙的将来。可是他并不对世界的末日抱悲观态度。他又说:"自然规律可以使海伦那样的绝色佳人逐渐失去美的光辉。也可以无情地毁灭一切美好的事物,可是自然界并没有因此而显得黯然失色,因为这些无损于自然界整体的美。"

青春美好是消长过程中一个阶段,世界永远有青春的延续。

黑格尔(约为清乾隆、嘉庆年间)"彻底"地研究了辩证法,称为"概念辩证法"。被认为是马克思以前时代的最重要的哲学成就之一。其模式如下:

(1)首先是概念,是"正"。(如:精神、思维、量等)。

(2)概念在它的自身里设立对立面来否定它自身,是为"反"。(如:物质、存在、质等)。

(3)概念与其对立面统一起来,再一次否定(或否定的否定)反题,是为"合"。(如:与物质统一了的精神;与存在统一了的思维;与质统一了的量等。)

黑格尔认为理念是第一性的。绝对精神或宇宙精神是处于发展过程中。精神的发展不是别的,只是概念互为"中介",即它们的互相转化;它们的运动便是不断地"否定的否定"。可是"中介"的意思是指合乎辩证规律的性质的互相联系。

对立统一的观点是发展的动力。

恩格斯在《反杜林论》中谈到:"黑格尔的最大功绩在于他第一次把整个自然的、历史的和精神的世界都看作一种过程:即永恒的运动、变化、转换和发展的过程。并且,企图去揭示这些运动和发展的内在联系……。黑格尔没有解决这个任务。这对于我们在这儿是没有关系的(意思是'我们'解决了)。他的历史功绩在于提出了这个任务。"

在西方哲学界看来,完整的辩证过程的提出这是"第一次"。并且还是唯心的(从概念出发)。下一章可以看到早在黑格尔前二千五百多年前中国的辩证唯物思想是怎样的。

黑格尔的美学观点便是从他的哲学观点出发的。他的美的定义,哲学意味十分浓重。他说:"真,就它是真来说,也存在著(意即客观真实的世界)。当真在它的这种外在存在直接呈现于意识,而且它的概念是直接和它的外在现象处于统一体时(意即概念中的真是真实反映了客观世界中的真),理念就不仅是真的,而且是美的了(意即真是美,美即是真和美的统一)。美,因此可以下这样的定义,'美就是理念的感性显现'。"

只要理念不是绝对精神,那岂不就是客观和主观的统一?

他又说:"艺术作品不仅是作为感性的对象,只诉之于感性领会的。它一方面是感性,另一方面却基本上是诉之于心灵的。心灵也受它感动,从它得到某种满足。"这岂不是感性和理性的统一?

"遇到一件艺术作品,我们首先见到的是它直接呈现给我们的东西(指形式),然后再追究它的意蕴或内容……。""形式的缺陷总是起于内容的缺陷……艺术作品的表现愈优美,它的内容和思想也就具有愈深刻的内在真实。"

这不也就是形式和内容的统一。

黑格尔的哲学从精神开始。他的辩证法,否定、再否定;否定,再否定……。"辩证法可象以图形,端末衔接。""思维运动如图之方旋。"(钱钟书《管锥编》译语),经后来的唯物主义者修改、补充,得出辩证唯物主义。

马克思(Karl Marx,1818~1883,约为清嘉庆到光绪)和恩格斯(Friedrich Engles,1820~1895)的辩证唯物主义称为"矛盾辩证法"。

恩格斯在《自然辩证法》一书中指出:"辩证法归结为下面三个规律:量转化为质,质转化为量的规律;对立的互相渗透的规律;否定的否定规律。"

他在《反杜林论》中说到矛盾辩证法时称:"当我们从事物的运动、变化、生命和互相作用去考察事物时……(可以看到)……运动本身就是矛盾。"他举了很多实例。关于生命,他说:"生物在每一瞬间是它自身同时又是别的东西(意思就是指有些细胞在死亡,同时有些细胞在新生。)所以,生命也存在于物体和过程本身中,不断地自行产生,并且自行解决矛盾。矛盾一停止,生命也就停止,死亡就到来。"

"量变会改变事物的质,质变同样也会改变事物的量。"当然指的是在一定的条件之下。

关于黑格尔的"否定的否定"规律,恩格斯用自然现象作科学的解释。如麦子种下后,麦苗否定了麦粒,待等收获时,大批结了穗的麦粒又否定了麦株。观赏植物,还可看到其可塑性。"我们只要按照园艺家的技艺去处理种子和种子长出的植物,那末我们得到的这个否定的否定的结果,不仅是更多的种子,而且是品质改良了的,能开出更美丽的花朵的种子。这个过程的每一次重覆,每一次新的否定,都提高了这种完善化。"虽然,事实上春种一粒谷,秋收万棵粮;一粒鱼子,成鱼之后可以产生百万粒鱼子一样,是生物适应于天敌的大量破坏为保存自己而产生的结果。

基于能够有量的增加和质的改变的结果,马克思不同意黑格尔辩证法像环形运动而主张是螺旋上升。恩格斯在《费尔巴赫与德国古典哲学的终结》里说明,自然界和历史的道路,都是迂回曲折的,有前进也有退却。不过,总的趋势是由低级转到高级。

马克思、恩格斯理论指导下的美的概念,是由变化著的时代,变化著的物质和变化著的精神之间的关系。美的概念随之变化。但不能认为所有的变化都是趋向于更进一步的高级状态,而是迂回曲折,也有消极、颓废的现象出现。最后能在历史中被重视而保存下来的,才是历史过程中美好的里程碑。

西方哲学中的认识论,最后认识到认识的辩证关系。如以精神和物质为代表,其辩证关系为:

$$\infty\cdots\cdots精神\xrightarrow{\text{否定}}物质\xrightarrow{\text{再否定}}精神\xrightarrow{\text{否定}}物质\xrightarrow{\text{再否定}}\infty$$

精神(计划、思想、愿望)可以变为物质(实现而变为客观存在)。物质(客观存在)可以通过感性认识变为精神(理性认识),如此无穷的长链极似于鸡生蛋、蛋生鸡、鸡和蛋的辩证关系。鸡与蛋的互相否定和再否定。于是,那古老的题目到底是先有鸡还是先有蛋呢?

长链中的起点是无穷大。是个谁也没有完全摸透的问题。以精神开端便是唯心,以物质开端,便是唯物。可是我们现在是生活在中间链上。马克思认为思维是一种生产力,即精神可以变为物质。然而,即使自称为彻底的唯物主义者,在精神可以变物质这一环节上,若不以客观事实为依据,或对错综复杂的客观现象判断错误,亦可能,并且不少确是滑进了主观唯心主义的泥淖。达到这种地步,还要争世界的起源就没有多大意义了。

所以说,似乎"真正的美在美化者",实际上美的基础还是精神和物质的统一。美化者的精神、灵感的来源不仅是其个人的,而是客观真实地反应了自然、社会、历史因素所参与的、紧密不可分的,相互起辩证作用的结果。即由客观的物质变为精神。

第3章

中国美学的哲学基础

3.1 概　说

中国美学所基于的哲学基础完成得比较早,在春秋、战国时代,已经有了完整的思想体系。虽然,当时和之后的发展,免不了带有严重的封建意识和若干迷信色彩,或者嫉俗避世的退居思想,然而其核心却都是从自然和社会的发展中总结、概括出来的正确的客观规律,维持主宰了中国人民的思想行动三千多年。近百年来,由于世界科学技术高速发展,中国受了欺侮,看到人家坚兵利器,注意到自己僵硬落后的一面,部分人士提出要打倒中国自己的旧文化、旧思想,万事倒向这个西方或那个西方。引进了和中国相差二千多年的哲学思想作为指导。虽然这是时代的少数代表人物,受制于历史条件的杰作,然而中国哲学已经扎根在中国人民思想之中,并且指导应用于日常生活。很多脱口而出的成语、谚语,往往都有所本。并且泽及东方邻国,为之受益不浅,直到今天他们仍不讳言。西方有识之士在接触了中国哲学之后,不断地从中发现丰富、深奥的哲理,对近代社会、科学和艺术都很有用。谈美学而不谈中国哲学,就不懂得艺术的魅力所在。

中国美学所基于的哲学,创始于春秋战国时代的诸子百家,主要的是道(老子)、儒(孔子)两家思想。老子思想承黄帝的先绪,所以昔称黄老。孔子则承三代而宗周。源远流长是中华民族文化的精华。道和儒有相接近的完整体系,只是出世和用世的趋舍不同。历来不是用老,便是用儒,或者达则用儒,穷则用老,儒老之间可以互补。其他诸子,不过是各执一端,虽然亦有真知灼见,却难以与儒道相比。

并不是说道和儒一无缺点,达到了顶峰。经过后代人不断地发挥、补充,都有所增益。果然亦有东烘头脑、腐朽气息,那都是没有真正理解其核心、僵化了的思想,即使是近代的这个主义,那个主义,一成不变,亦便成教条主义。

美学以中国哲学为基础的著作,其著名者如梁代刘勰(？～520)的《文心雕龙》、清代刘熙载(1813~1881)的《艺概》,历代文论、诗品、书论等著作,都已踵事增华,不过无不本著中国哲学的观点。近人钱钟书《管锥篇》、《谈艺录》更在中国哲学的基础上,旁证外国材料、博学多智,以论中国文、史、哲学和美学。

和外国的美学理论著作一样,中国谈艺亦集中于文学,可是,普遍性的规律在一切艺术领域中,包括建筑和桥梁美学,基本上是相同的。我们将发现,当谈到美学的法则时,以中国哲学为基础的美学,可以把西方美学中看起来是风马牛不相关的项目,贯通串合起来,成为有机的组合。

西方哲学基础中的主要问题是认识论和辩证法。中国哲学基础亦是对世界和其规律的认识,可以概括为"懂道、明理、辨物、正名"。

有些人认为,中国古代哲学中有"朴素"的辩证法,这种提法,也许不甚妥当。

首先,若以朴素解释为初步的或模糊的认识,这是欠妥,中国的哲学思想是深刻而清晰的。若以朴素为朴实无华,"信言不美",言辞简约,承认其内容丰富,言之有物且言而中的,这才近乎事实。剔除中国哲学思想中封建、迷信的糟粕,可以看到光辉灿烂的内涵。

3.2　辨、正

中国辨物正名的辨正思想,和西方古代称为辩证的含义不同。

中国也有西方早期所称的辩证的方法。《资治通鉴》周赧王十七年(公元前 298 年)记:邹衍过赵,平原君使与公孙龙论'白马非马'之说。邹衍说:"不行! 辩论做什么? 辩论的目的不过是弄清和理顺不同的类型和端绪,通过意旨,而不是玩弄辞藻,互相迷惑,走上诡辩的道路。"("不可! 夫辩者,别殊类使不相害,序异端使不相乱,抒意通旨,明其所谓,使人与知焉,不务相迷也。")辩论是需要的,可以弄清是非,是非已清或根本存心在于混淆是非,辩论他做什么,所以孟子也说:"我不是好辩论的人,我是不得已呀。"("予岂好辩哉,予不得已也。"《孟子》)

孔子说:"《易经》的意思是把过去的弄个明白作为借鉴,可以观察未来。对于细微之处,使之明显起来,对于隐蔽的事物,可以说得明白。诸卦的形象都和卦名相当。辨别和区分万物,正确地用语言表达,再用些解释的言辞便更为完整了。"("夫易,彰往而察来,而微显阐幽,开而当名辨物,正言断辞,则备矣。"《易·系辞下六》)"辨正"的意思是根据从往事总结出来的客观规律,辨别万物,按照事物变化发展的各个阶段,赋予恰当的名称。

钱钟书《管锥编》列举诸子百家关于名实的议论,认为:"或言物色,或言人事,而介介于名之符实,百虑一致。"

中国哲学所研究的,近代意义称为"辩证法"的关系,那就是"讲道"和"明理"。辨物正名是在讲道明理的基础上进行的。虽然与中国春秋时代几乎同时的希腊哲学家已经有"辩证法"关系的看法,却一直不成系统。一直到中国清代,雍正、乾隆、嘉庆年代,在我们已不足为奇,应用和谈得烂熟的时候,德国的康德和后来的黑格尔,才有系统的"概念辩证法"。作为马克思主义的三个来源和组成部分的"矛盾辩证法",就是把辩证法从概念转回到现实世界。

黑格尔在他的《哲学史讲演录》中谈到《老子》,并且把老子称为东方的毕达哥拉斯,可见其从《老子》思想中摘取了一些内容,未必能深刻地理解其全体。他可能没有读过《易》。(也许当年根本没有《易》的外文译本)。《老子》和《易》是道和儒家两本经典著作。《文心雕龙》是以"原道"、"徵圣"、"宗经"开论;而《艺概》从"艺者,道之形也"起句,都是《老子》和《易》哲学思想的发挥,这里就以这两本经典著作开始,谈论一下中国美学的哲学基础。

3.3　道、太极

《老子》一书,又名《道德经》。道是什么? 他说:"有一样东西,混混沌沌,不可捉摸,先天地而存在,无声无息,无形无象,独立而不改变,循环不绝而不知疲倦,可以作为天下事的根本。我不知道它的名字,把它号称做'道',勉强取名为'大'(同'太'、'泰')。"

("有物混成,先天地生,寂兮寥兮,独立不改,周行而不殆,可以为天下母。吾不知其名,字之曰道,强名之曰大。"《老子·二十五章》)

他再进一步解释道："道这样东西,恍恍惚惚,不可捉摸。在恍惚之中能想见到其形象。虽然恍恍惚惚,但是却寓于物质之中。深远奥妙,却是有情有理。非常精粹,非常真实,都是可以信得过的"。

("道之为物,惟恍惟惚。惚兮恍兮,其中有象;恍兮惚兮,其中有物。窈兮冥兮,其中有精,其精甚真,其中有信。"《老子·二十一章》)

《易经》是儒家的经典著作,讲天下变化的(变易),有一定不变的(不易)很简单的(简易)的客观规律。孔子说："道就是一个阴,一个阳。"("一阴一阳之为道。"《易·系辞上》)又说:"易一书中我们谈到'太极',太极产生'两仪'。"("故易有太极,是生两仪。"《易·系辞上十》)'两仪'就是阴和阳。这是两句不同起始,叙述相同意义的话。

晋·阮籍《通老子论》解释道:"道就是自然的法则,《易》经称它做'太极';《春秋》把它叫'元';《老子》说这是'道'。"("道者自然,易谓之太极,春秋谓之元,老子谓之道。")所以太极就是道,道就是太极。《老子》本不也说:"字之曰道,强名之曰大"吗?

《易》的理论是"仰观天文","俯察地理","近取诸身","远取诸物",根据天地万物兴衰运转的规律,总结出"道"的存在,并用图象化而加以注释来表达。《易》说:"抽象而超越万物之上的叫做'道';具体的实在的存在叫做'器'。"("形而上者谓之道,形而下者谓之器。"《易·系辞上十二》)这不正是说道是作为一种居高临下的客观规律,只存在于客观事物"器"之中。亦即《老子》所说的"其中有物"。用近代的语言,"道"就是不以人们意志为转移,超于万物而万物却又循之变化的客观规律。

不过,在宇宙中的道的起源和结束"终始"的理论,儒道两家有不同看法。《老子》认为"道"是先天地而生,并且垂之永久而无穷无尽的。而《易》的观点是有了天地才有道,道和天地同存亡。("天地设位而易行乎其中矣。"《易·系辞上七》;"易与天地准。"《易·系辞上四》)。孔子又说:"天(乾)地(坤)是易道所蕴育的所在吗!有了天地,易道就存在于其中。天地消灭了,就看不到易道了。或者说没有易道,就是天地要消灭了。"("乾坤其易之缊邪,乾坤成列而易立乎其中矣。乾坤毁,则无以见易。易不可见则乾坤或几乎息矣。"《易·系辞上十二》)天地到了"末日",则道自然亦因为无所依托而不存在了。或者说,我们所说的道是认识天地万物而总结出来的。在天地万物之外的道是怎样的,那就不能臆测。所以孔子的著眼点和想像力都是比较现实的,但不如老子宇宙观的扩大。不过《老子》中也说明,现在我们可以说明的道,并不是那无始无终、不生不灭的无穷宇宙的"常道"。("道可道,非常道。"《老子,第一章》)。

中国哲学,从来不以静止的观点看问题,说道是"形而上"是指客观规律不变而已。今天的哲学中把静止观点称为"形而上学",不过是借用罢了,和《易》的原意大有出入。

中国哲学认为宇宙天地是在不断的运动着,所以道也是在不断的运动着。

道不是又可以叫做"大"吗?《老子》说:"大(道)是在向前流变过去,越变,离起点越远,达到极远处就返回。"("大曰逝,逝曰远,远曰返。"《老子》第二十五章)"所谓返回也就是道的运动。"("反者,道之动"《老子》第四十章)如此周行不息而不感疲倦("周行不殆"《老子》第二十五章);道就是以这样的形式存于事物之中。

静止的事物,看不出道在那里,然而事物随时间的推移总是在运动,只有当事物在运动的过程中,才显出道的存在。所以《老子》非常形象地作这样的譬喻:"天地之间的道,像不像吹火的竹筒一样? 是虚空的,但不是停顿静止的,越是(吹气)运动,越是显出道(吹火筒)的作用。"("天地之间其犹橐籥乎? 虚而不居,动而愈出。"《老子·第五章》)

整本《易经》,都是在讲变易的道。孔子不时地在提醒变化的必然性、重要性、和客观性。

他说:"不要忘记《易》这本书,所讲的'道'是经常在迁移的,变动而不静止,在卦象六个位置之中,上下变化无常、阴阳刚柔不断地在改变位置,不可以固执拘束,需要适应其变化。"("易之为书也,不可远。为道也屡迁,变动不居,周流六虚,上下无常,刚柔相易,不可为典要,唯变所适。"《易·系辞下八》)六虚是指卦的六爻,代表道(事物)"潜伏、显现、成长、跃动、飞腾、满盈"的六个时空阶段。

世界是在无休止地运动着,静不过是动的一个瞬间,然而动却是无数静的延续。动和静等关系的认识,便是中国哲学中谈到的第二个问题

3.4　理、阴阳

道,寓于事物之中,又以何种方式表现呢? 世称"道理"原是哲学名词,是有道理的。现在一般却只把道理理解为"理由"。道已如上述。理呢?《韩非子》解释《老子》,其《解老》篇说:"'理'呢,就是有方圆、短长、粗细、坚脆等的区别。所以'理'定了而后可以看出其'道'。"("凡理者,方圆、短长、粗靡、坚脆之分也,故理定而后可得道。")可见中国古人所称的"理",乃是指包含在万物中各种相对的特性。世称懂(或讲)道理者是懂道和理的关系,懂寓在理中的道。

《老子》认为:"万物都(一分为二)背负阴而前抱阳,靠道的活动能力'冲气'以取得和谐。"("万物负阴而抱阳,冲气以为和。"《老子》第四十二章)以"阴阳"这一相对面作为总的代表名称。所以一开始他说"道产生"(意也即寓于)纯正的统一物,统一物一分为二(成相对面),二(个相对面)的变化产生第三种情况,所有各种变化的情况,就是天地万物的现象。"("道生一,一生二,二生三,三生万物。"《老子》第四十二章)

《易经》中"理"字凡五见。诸家讲解,都作条理、事理、原理、真理、道理等。如孙振声译《易》说:"易的道理很简单,了解容易与简易的原理,就已经领悟天下一切事物的道理。"("易简,而天下之理得矣。"《易·系辞上一》)。《玉篇》解释"理,道也。"理就是道,道就是理,两字互为注释就分不清什么是"道",什么是"理"。

朱熹《周易序》说:"散开来分布在'理'上,则有亿万种区别;统一到'道'上面去,就没有第二种说法。所以易有太极,太极分为两仪。太极就是道;两仪就是阴阳。阴阳统一于道。太极(道)是无穷的。万物的生存,背负阴而前抱阳(直接应用了《老子》语),没有没有道的,没有没有两仪的。它们互相缊缊交感,变化无穷……。"("散之在理,则有万殊,统之在道,则无二致。所以易有太极,是生两仪。太极者,道也;两仪者,阴阳也。阴阳,一道也;太极,无极也。万物之生,负阴而抱阳,莫不有太极,莫不有两仪,缊缊交感,变化不穷。")理也就是以"阴阳"为代表的万物不同的相对面。儒、道两家的"理",不可分割地具有相同的含义。

成公绥《天地赋》称:"上天和地太玄妙了,不可能一句话说清楚,所以拿形体而言,称之为两种仪容,根据其特点假设其名称,则天乾地坤;以气分称地阴天阳;从性格区别为地柔天刚;以颜色来判断则称天玄地黄,直接的名称就是天、地。"("天地至神,难以一言定称,故体而言之,则曰两仪;假而言之,则曰乾坤;气而言之,则曰阴阳;性而言之,则曰柔刚;色而言之,则曰玄黄;名而言之,则曰天地。")"理"在中国是以天地的气质为代表的阴阳,有时又以天地性格为代表的刚柔,作为事物各相对面的代表名称。

"理"在《易》称作"两仪",而在《庄子》称作"两行";张子称为"两在";《礼·中庸》称为"两端";朱熹称之为"两对待";张载称之为"两体",现在俗称做"两极"或"矛盾"。其中,"矛盾"一词起之于《韩非子》,其所代表的意义,实在和"阴阳"的"理"有距离。

宋·张横渠《正蒙·太和篇》说："两体，就如讲'虚实'、'动静'、'聚散'、'清浊'，其讲究是一样的……所以我们知道万物虽多，其实没有一件事物不分阴阳，天地间的变化就在'两端之间而已'。"（"两体者，虚实也，动静也，聚散也，清浊也，其究一而已……是知万物虽多，其实一物，无无阴阳者，以知天地变化，两端而已。"）

总的说来，道家和儒家讲阴阳都是哲学中事物的各种相对面。

孔子把天、地、人称为三极或三才。他说："天所以立足的道（规律）是阴和阳；地所以立足的道是柔和刚；人所以立足的道是仁和义。"（"立天之道，曰阴与阳；立地之道，曰柔与刚；立人之道，曰仁与义"《易·说卦二》）把三才的道的基本的"理"，加以细致的区别。应该注意的是仁和义不是相对面，而是儒家的社会纲常。假如从道和理的关系，似应说："立人之道，曰兴曰亡"比较合适。东汉·仲长统《昌言》论人世间的事是："存亡以之迭代，治乱从此周复，天（实际指人事）道常然之大数也"。

《庄子》说："易以道阴阳"。梁启超认为在《易》中阴阳两字所见极稀，"可谓大奇"。因此推论，阴阳学说是后世产生的。其实，阴阳不过是代称，不必每言必阴阳。何况阳刚阴柔，用地之"理"刚和柔来作说明，《易》中随处可见。乾阳坤阴，孔子以手边的门，一开一关，作了非常生动浅显的譬喻说："关门就是坤（阴），开门就是乾（阳）……。"（"阖户之谓坤，辟户之为乾。"《易·系辞上十一》）开和关是一组相对面。开有阳的性质，关有阴的性质。决不会理解做开了就是天，关了就是地。

《易经》以阳（奇数，一横），阴（偶数，两短横）的符号分六层（六爻）排列为六十四卦。若卦象本身完全对称，即以上下各三爻的中间线为对称中线，上下各爻都对称；而两个这样的卦，其各爻都对待，即阴对阳，阳对阴。这样的两卦，称为"错"卦。如乾☰与坤☷，离☲与坎☵等四组。

各卦本身不对称，而两卦相叠，成镜面对称者称为"综"卦，如剥☶与复☳等二十八对。

有四对卦，既是错卦，又是综卦，如泰☷与否☰等。

一卦中上下三爻相同者，称为"复"卦，如乾☰、坤☷、艮☶、巽☴等。

这种阴阳易位的"错、综、复、杂"的组合排列，反映着世事"错综复杂"相对待的关系。《易·杂卦传》中系统地说明这些关系，为："乾卦刚，坤卦柔；比卦乐；师卦忧；临卦和观卦的分别意义是与和求……震卦起始，艮卦停止；损卦和益卦是盛和衰的关系；……总卦显现而巽卦潜伏……；剥卦丧失，复卦恢复……；否卦和泰卦正好是逆境和顺利相反的情况……；革卦去故，鼎卦取新……姤卦相遇，夬卦相别……"。

于此可见，卦象里就包含着程度不齐的各错、综、复、杂的相对关系，那就是理。从这些刚柔、忧乐、与求、起止、损益、盛衰、显伏、失复、泰否、新故等"理"的变化关系，以估计对人的吉凶、得失、安危、祸福、荣辱等现象，定动静、屈伸、进退、出处、默语等措施。整本《易经》，这一类以阴阳为代表的相对待的"理"随处可见，俯拾皆是，说《易》以道阴阳是一点都不错的。

3.5　生生、变通

理是事物的两个相对面，道就是这两相对面之间，静和动的发展关系和规律。

《易》说："（阴）生（阳），（阳）生（阴）那就是易……其间'通'和'变'的现象就有事；阴和阳变化不测称做神。"（"生生之谓易……通变之谓事，阴阳不测之谓神。"《易·系辞上五》朱熹的注解便是："阴生阳，阳生阴其变化无穷，理和书上说的都一样。"张子注："两在，故不测。"意思就是一个事物之中,有阴有阳,但程度不同,去向不明,所以难以测料,变化无穷,因此神乎其神。《老子》也说,'道'的变化是玄之又玄的。

什么叫"变"或变化?"变化是相对面间进和退间的事。"("变化者,进退之事也。"《易·系辞上二》)举例说:"一开一关就叫做变,开开关关不停就叫做通。"("一阖一辟谓之变,往来不穷谓之通。"《易·系辞上十一》)

一间房间,门户常开则不成其为房间;门户常闭则塞而不通,只有一开一关才起房间的作用,可以进进出出,可以居住,这就是通。所以,进退、辟阖等阴阳之属的相对面之间的变动和化易,就为变通。"穷则变,变则通,通则久。"(《易·系辞下二》)已经是家喻户晓的了。

要掌握阴阳不测的变化,便得了解两个相对面之间的关系和运动规律。其间必须注意,何者为相对面,何者不是。

《汉书·艺文志》论十家:"辟犹水火,相灭亦相生也。仁之与义,敬之与和,相反而皆相成也。"后世讲解"辩证法"便以两相对面之间相灭相生,相反相成作为其主要关系。虽然十家并不都是相对面,只是在理论上的某些方面是相对的。而仁和义,敬与和都不是相对面。

两相对面之间的关系,儒、道两家,说得十分透彻,《老子》偏重谈总的关系,而《易经》偏重谈变的关系。

贯穿《道德经》所谈的,都是各种相对面和其变化。他说:"物或在前或后随;或嘘暖或吹寒;或强盛或羸弱;或提起或跌落。"("物或行或随,或歔或吹,或强或羸,或挫或隳。"《老子》第二十九章)这些众多的相对面之间的关系,那就是:"有和无互相产生,难和易互相促成,长和短互相比较,高和下互相转倾,音和声互相和谐,前和后互相追随。"("故有无相生,难易相成,长短相形,高下相倾,音声相和,前后相随。"《老子》第二章)

并不是说这生、成、形、倾、和、随六种关系,只是分别针对这六组特殊的相对面,事实上这六种关系,对于任何事物诸相对面间都是普遍规律。

3.5.1　相　生

《老子》非常透彻地用"有"和"无"两相对面之间相生的关系。他宏观地概括为:"天下万物产生于实用的物质存在,而物质存在只产生于虚无的空间。"("天下万物生于有,有生于无。"《老子》第四十章)用具体的例子来说明,那就是:"三十根车辐装在一根车轴上(可以用之转动,以及和其他物体装配成一辆车子,车子是实有的存在)而车子所构成无的部分(转动空间和车厢空间),才有车子的用处。用黏土制作陶器,有器皿所构成的空间,才有陶器的用处。造一间房间并开凿门窗,有门窗可以出入和取光所构成的空间,才有房子的用处。所以有实在的存在有它的利益,而用得着的却是属于无的空间。"("三十辐共一毂,当其无,有车之用;埏埴以为器,当其无,有器之用;凿户牖以为室,当其无,有室之用。故有之以为利,无之以为用。"《老子》第十一章)有和无是同时产生的。这里也是我们日常生活常说的"利用"一辞之源。会利用,便是懂得相对的两面都得考虑在内。

《易经》上说:"没有平地就无所谓坡地,没有往就无所谓复。"("无平不陂,无往不复。"《易·泰·九三》)这里包括着很多涵义,其中之一,便是现在这样译法,含相生的意义。

3.5.2　相　成

相对面之间是相反的,这已不用说得。然而相反却可相成,即可以起推动和促成的作用。

《老子》用难和易来说明。没有易就无所谓难,没有难就无所谓易。但是,"要完成难事,须从容易处着手;要完成大事,须从细小事着手。天下的难事,必定由容易事所构成,天下的大事,必定由细小事所构成。看得太容易,就会常常遇到困难。所以聪明有德之人,总觉得事情难办,最后却没有什么难办的事。"("图难于其易,为大于其细。天下难事,必作于易;天下大事,必作于细。……多易必多难,是以圣人犹难之,故终无难矣。"《老子》第六十三章)

工业大生产是把极为复杂的构造,分解成为极容易完成的简单动作的生产流水线。国家大事也是从妥善地处理国内国际众多细事着手。

相似于难和易,他又说:"几个人抱成围的大树是小苗子长成的;九层高的高台是一筐筐土垒起来的;要旅行千里,总是从脚下第一步开始。"("合抱之木,生于毫末;九层之台,起于累土;千里之行,始于足下。"《老子》第六十四章)即粗细、高低、远近的相成关系。

只有听听相反的意见,才能使自己的想法更成熟和完整,这不就是促成的关系吗?为人与为政两者是一致的。

3.5.3　相　形

统一物的两个相对面之间是在互相比较之中才显示出来。没有一方相对照就显不出另一方。

刚柔、短长、高下、难易、悲欢、贫富、穷通、美丑等相形的关系,十分浅显清楚。

《老子》说:"自然朴实的道行不通,就产生了对仁和义的要求;出现了绝顶聪明的人也就会有奸伪之辈;若是六亲不和,更显出子孝亲慈;国家君昏民乱,更显出忠义之臣。"("大道废,有仁义;智慧出,有大伪;六亲不和有孝慈;国家昏乱有忠臣。"《老子》第十八章)姑且不去评论他最后的结论,在变动激烈的时候,一个相对面的显著存在,更突出地显示相对的另一面。在日常生活中,人们无时无地不在作比较来决定行止。

竞争体制,是在相比较之下定优劣。

文学、戏剧等艺术中的烘托法,以强烈的对比显示正面人、事、物的可爱和反面人、事、物的可悲。

3.5.4　相　倾

相对面的两,互相都有倾向于向其对立面转化的趋势。

高山为谷,深谷为陵,这是自然界不断发生的现象。《易·泰》讲到挖沟筑城,而最终城又倒回到沟里去("城复于隍"《易·泰·上六》)。

《老子》形象地说:"天的'道'不是像拉弓一样吗?高位置把它放低些,低位置把它放高些(高下相倾);有力量的地方把它消去些,力量不足的地方把它补充些。"("天之道,其犹张弓软?高者抑之,下者举之,有余者损之,不足者补充。"《老子》第七十七章)我们现在绝大多数人都不会拉弓,可能体会不深。不过自然现象,水流下,云(水气)蒸上,在不断地改变位置。生活中好事变坏事,坏事变好事。灰姑娘变美人儿,青春女变白发妪,其转化是避免不了的。

3.5.5　相　和

统一物的两相对面在转化的过程中,一方面有冲突,又随时趋向于和谐。和谐是客观事物中十分重要的,并且是中国哲学和美学中素所强调的规律。

《老子》一开始就说过:"冲气以为和"。他又说:"懂得和是客观规律,知道客观规律便明智。"("知和曰常,知常曰明。"《老子》第五十五章)他认为懂得道理,又讲道德,"顺了天的'道',

则天下可以去得。走遍天下而无害。既安全、又和平、又舒泰。"("执大象,天下往。往而不害,安、平、泰。"《老子》第三十五章)他所想达到的是一个和谐、平和和康泰的世界。

恩格思在《自然辩证法》中说:"自然界中死(无生命)的物体互相作用,包含着和谐和冲突。活(有生命)的物体互相作用,则包含著有意义和无意义的合作,也包含着有意义和无意义的斗争。因此,在自然界中决不允许简单地标榜片面的'斗争'。但是,想把历史的发展和错综性的全部多种多样的内容,都包括在贫乏而片面的公式'生存斗争'之中,这是十足童稚之见。"有生命的物与物之间,他们并不完全是相对面,只是在其中某一性质上有利和害两相对面之间的冲突。冲突的最终目的还是和谐。

《老子》举音和声的关系以说明"和"是十分恰当的。声和音并不是相对面。《礼记·乐记》说:"'声'互相呼应,就发生变化,变化有一定规则,便称做'音'。"("声相应,故生变;变成方,谓之音。")《诗·关雎序》称:"情感冲动发出声来,联成一定的文采就称为音。"(情发于声,声成文谓之音。)声是音的单元,音是声的有规则成文采的组合。〈关雎〉正义解释:"声的清、浊,错杂排比成为文采。"("声之清浊杂比成文"《诗·关雎》注)便是说明,声和音的和是声本身具有清浊等各种相对面之间的关系。可"使五声为曲,似五色成文"。〈乐记〉上又说:"屈伸、俯仰、缀兆、舒疾、乐之文也。"钱钟书认为这是跟着音乐跳舞的姿态。所以能跟之而舞,还是由于音乐有高下、断续、快慢、婉直等节奏韵律的各种相对面的变化。以它们之间的协调以取得和谐。

协调与和谐是美学中十分重要的问题,以后将专题讨论。

《易经》里论事物的吉凶,以"元、亨、利、贞"四名来表达。这四个名字都是吉祥的。"元"是"众善之长";"亨"是"众美之会";"利"就是"物各得其宜,不相妨害",也即是和谐;"贞"就是正与固。所以凡是"吉""利"的就是和谐的。或凡是和谐的便亦是吉利的。《易·乾》中说:"保合太和",朱注便用《老子》的冲和之气来解释。《易·系辞》中所谈到的阴和阳"相感"、"相得"、"相合",也即《老子》"相和"的意思。相对面的互相和谐,无往而不"利"。

3.5.6　相　随

相对待的双方在整个过程中都有显有隐、有大有小地相关联而包含在一起。

在空间或时间位置上的前后、左右、上下等的关系是紧紧地联结着,可以说是"无间"的。况且,相形于前者为后,相形于后者又为前,本身已具有两重性,这是相随关系的一个方面。

相随的另一方面,即今日讲辩证法所称的"互相渗透"。

《老子》指出:"祸是福所依靠的地方,福是祸所埋伏的处所。"("祸兮福所倚,福兮祸所伏。"《老子》第五十八章)福显则祸隐,祸显则福隐。居安思危,就是因为安中有危,安和危是相随的。

所有的相对面都互相渗透。阴中有阳,阳中有阴;虚中有实,实中有虚;寒中有热,热中有寒,这些在中医理论中最为突出。而动中有静,静中有动;刚中有柔,柔中有刚。钱钟书《管锥篇》称:"吴语(苏州话)调柔、燕语(北方话)调刚。龚自珍(已亥杂诗)'北俊南嬗气不同'。但吴人怒骂,复自有其厉声疾语,又柔中之刚;燕人款曲,自有其和声软语,此刚中之柔。"美学领域中亦有很多这样的例子。

《易》中说:"使万物乾燥的莫过于火,使万物滋润的莫过于水……所以水火相逮(追、及)……然后能产生变化……。"("燥万物者莫熯乎火……润万物者莫润于水……故水火相逮……然后能变化。"《易·说卦传六》)相逮亦即相随的意思。所有六十四卦的卦象都是阴阳相随,或阴显阳隐,或阳显阴隐,即使是"乾""坤"两卦,亦是阳中有阴,阴中有阳,在"动静"之中就能分别其刚柔。

《老子》所说的相对面之间的六种关系,较之近代"辩证法"既早而全面。连《易经》中亦没有如此明显和系统集中地说明。《易》所强调的是相对面之间动的变化。

3.6 变 易

《易》是讲不易的"道"在控制着变易的"理",主要是讲事物的动态规律。

相对面之间是如何在运动?

3.6.1 相摩、荡、推

孔子说:"刚和柔这两相对面之间互相产生"摩"擦;八卦(天、地、风、雷、水火、山、泽)之间也互相鼓动'推'、'荡'。"("是故刚柔相摩,八卦相荡。"《易·系辞上一》)

最简单的例子就是自然界的白天黑夜,"日月相推"产生了明和暗;一年四季寒来暑往,冷和热在相推地进行。("日月相推而明生焉……寒、暑相推而岁成焉。"《易·系辞下五》)

两个相对面之间是会产生摩擦。同时,你推我,我推你,两者之间以往复推移、荡动的形式运动着。两相对面是"相随"《老子》,或"相逮"《易》的。由摩荡而推移,这是运动的方式,推移的结果便是变易,由一个相对面变为另一个相对面。

3.6.2 相感、得、合

相逮相随的相对面,以相摩、相荡、相推的动作,所产生的现象有两大类型,其中之一便是相感、相得、相合。

前举《易经》上所谈到日来月往,寒来暑往时接着就解释道:"往不过是一种退缩,(并不是被消灭了);来不过是一种伸张,(也不是完全消灭了对方)。退缩和伸长是互相感应的自然的现象,由此就产生了和谐获得利益。譬如说,桑树上的尺蠖,屈曲而弓起了身体,是想伸展而向前行走;龙和蛇到冬天要钻到地下蜷曲起来,不过是为了保存自己,到春天再伸展活动。"("往者屈也,来者信(伸)也,屈信相感而利生焉。尺蠖之屈,以求信也,龙蛇之蛰,以存身也。"《易·系辞下五》)一个相对面的产生发展,自然而然地配合着相对的另一面的暂时退缩和随后的发展。

《易》又说:"真情和虚伪之间也会互相感应和感受,亦就产生了利和害的关系。"("情伪相感而利害生"《易·系辞下十二》)这里谈到了相对面之间的互相感应的现象和人事的吉凶利害有联系,这一问题留待于另节再说。

紧接着说:"大凡易的情意,两个相近,即相逮、相随的相对面,若不是相默契配合(不相得)那就是凶象、有害。"("近而不相得,则凶或害之。"《易·系辞下十二》)孔子说:"阴和阳以德性互相配合,产生了刚和柔适当程度组合的形象。"("阴阳合德而刚柔有体。"《易·系辞下六》)

相感的相对面,既相得,又相合,那就处于和谐和祥和的状态。换句话说,和谐主要是指在不同的相对面之间的关系。

3.6.3 相攻、射、薄

并不是相逮、相随的两相对面之间总是互相感应相和合而相得益彰的。两者之间存在著搏斗。正像自然界的现象中,风云雷电之间、以风激云、云相摩生电、阴阳电相触生雷,所以风雷之间似乎在进行一场伟大的搏斗。("雷风相薄"《易·说卦传三》)水火之间,水势趋下,火势炎上,平素似不相关(不相射)("水火不相射"《易·说卦传二》),然而水火又互相生息,有不相容的时候(相射),射水以灭火,射火以蒸水。这种自然现象的搏斗,都是有利有害。

人事问题上,喜爱和厌恶亦会发生争夺(相攻)("是故爱恶相攻而吉凶生"《易·系辞下十二》),产生好和坏的现象。

这些都是相对面之间的斗争("阴阳相薄也"《易·说卦传五》)。这种斗争只有在一定的时间和条件下才会发生。阴阳往往在不得位的时候才产生相逼迫(薄)的现象。

相攻、射、薄的产生有一个过程。在细缊交感之初也许早就存在著一些困难。譬如"屯"卦称:"刚和柔开始相交感而产生艰难。"("屯,刚柔始交而难生。"《易·屯·彖》)便为一例。

激烈的搏斗只有当相对面的一方达到极盛的时候才会发生。最显著的是"坤"卦。阴达到了最高位的极点,于是阴阳就像(两条龙在原野中搏斗,血溅满空、阳龙血蓝(天色),阴龙血黄(地色)。"("龙战于野,其血玄黄。"《易·坤上六》)。坤卦为阴,阴中有阳,阴极便有阴阳搏斗的现象,以至于阴阳易位。

从卦象来抽象地表达相对面的斗争,不易普遍地理解,于是孔子以世界上的人事来解释,说:"臣子杀君王,儿子杀父亲,都不是一天二天的事,其(由爱而转化到)恨已积蓄很久了。"("臣杀其君,子杀其父,非一朝一夕之故,其所由来者渐矣。"《易·坤·文言》)。这便是"爱恶相攻"最后产生的悲剧。

不到搏斗的时候,没有搏斗的条件是不会亦不应去搏斗,否则会不顺时而不利。

相攻、相射、相薄是相对面处于酝酿和进行斗争的状态。

3.6.4　相　济

《易》以"既济"、"未济"两卦作结尾。在排列叙述了世间诸事的过程之后,认为"能够超越过诸事物的人,必定能够成事(济)所以接下来是既济;然而天下事物是无穷无尽的,所以接着是未济。"("有过物者必济,故受之以既济,物不可穷也,故受之以未济终焉。"《易·序卦传》)朱熹注"既济是事情已经成功。卦形水火(两相对面)相交,各有各的用处;未济是事情还没有成功,卦形水火不相交,不能互相为用。"一组相对面之间能够,相通、相成、互相有帮助,岂不是最理想的事。所以,在美学领域里,无不处处要求刚柔、动静、阴阳、虚实之间,互相配合,互相衬托,达到相济的要求。

3.7　极、周行

3.7.1　物极必反

大凡事物从相对面的一面开始,发展、渗透、走到极端便转化到另一面,这便是物极必反。西方换称做"否定"。

《老子》在谈到祸福相依伏的关系时,接着说:"谁知道最终的发展是祸是福?没有什么正规不正规,正规也要变为不正规;善良亦会变成妖邪"。("……孰知其极,其无正,正复为奇,善复为妖。"《老子》第五十八章)他又说:"善和恶之间又有多大差别呢?"("善之与恶,相去几何?"《老子》第二十章);天下的人都知道这样的美是美的,(便会转化为不喜欢这样的美)就变成丑的了。天下的人都知道这样的善是善的(便转化为无所谓善与不善)这就称不上善了。("天下皆知美之为美,斯恶矣;皆知善之为善,斯不善矣。"《老子》第二章)诸家解释,都着眼于美和恶(丑),善与不善是相对面的统一体,如《庄子》所说:"知东西之相反而不可以相无"。忽略了"天下皆知"乃已达到顶点,便成为"物极必反"。第3.2节已应用过《老子》的话"大曰逝,逝曰远,远曰返"、"反者道之动"。道的运动总是至极而反。

在《易经》里面,泰卦中"无平不陂,无往不复"的另一个意义为平到一定时候(地方)总会变陂,而往到一定时候(地方)总要回来。俗称"有剥有复"出于《易》:"果实剥落,腐烂了,又可以萌芽生长"。("剥,烂也;复,反也。"《易·杂卦传》)俗称"否极泰来"也出于《易》。"满盈是不能长久的"("盈不可久也"《易·乾》象辞上九);"晦气闭塞(否)最终总要翻过来,怎可以长此下去呢?"("否终则倾,何可长也"《易·否》上九象)。易就有易位的意思。"上和下没有定规,刚和柔互相变易。"("上下无常,刚柔相易。"《易·系辞下八》或又说:"变化就是进退的现象"("变化者,进退之象也。"《易·系辞上二》)。朱注是:"柔变而趋于刚者,退极而进也;刚化而趋于柔者,进极而退也。"总之,相对面的一面,发展到了极点就会转化到其反面,在《易》中每一卦都说到这一问题。

需要注意之一是,"极"是一个相对的概念,就是说极可以在极短的一瞬之间,也可以在极长的历史时期内才完成。在寿夭问题上,《庄子》极生动地列举:朝菌朝生暮死,蟪蛄春生夏死,一直数到上古的"大椿"时可活到三万二千年。

尺蠖的屈伸,其极不过在一虫身长,一个动作的时间里。然而人的屈伸可以在很短时间里,亦可以是很长的时间里才能完成。

我们一天之中,不知道要遇到多少个物极必反的现象,如开门关门(辟阖);上上下下、作息、饥饱、睡醒等等。春夏秋冬、寒暑往来,因为物极必反,所以乐观地唱道:"正使尽情寒入骨,不妨桃李用年华。"人事的静极思动,动极思静;合久必分,分久必合;盛极必衰;乐极生悲,苦尽甘来等等,都是不可避免经常发生的事,而其间的一个周期,就难得有定规。

另一个需要注意的是,物极而反,并不一定需要进行激烈的搏斗,大多数是自然而然,不知不觉之间;或者是有意识地,轻而易举之下进行的。亦有必须发生斗争和激烈的冲突才能解决。可是即使在讲战争为主的《孙子兵法》,其中高度的应用了相对面的各种关系,然而最基本的一条却是"不战而屈人之兵者,善之善者也"。

3.7.2　周行不殆

从相同的一方,演变到相对的另一方,不过是运动的一半过程。再从相对的另一方作起端,又互相渗透转化,物极必反,再回到了原来的一方。这样循环不绝,称为"不疲倦地绕圈子"("周行而不殆"《老子》第二十五章)。第二次的物极必反,黑格尔称之为"否定的否定"。

再次物极而反是概念上回到其原对立面,也并不是说变为原物,走回原点。谁都能够懂得,古和今的关系,原来的今变为后来的古,却不能原样变回去;今日之生变为日后之死,亦不能死而复生。然而古今、生死,不断地在推移,是一根连续不断地回绕线,有时螺旋上升,有时螺旋下降。上升和下降,本来是自然现象,只是从人类的利益出发,评价上有所不同。譬如说良种培育,对人来说是上升现象,几代之后又要退化,对人来说是下降现象。至于受培育对象的动植物不过是受外界的影响在适应而变异而已,无所谓上升和下降。对某些培养出来的良种观赏金鱼,对金鱼来说,也许还是一种痛苦,脱离了人的饲养,将无法生存。况且,上升和下降,也是一组相对面,也要服从物极必反,周行不殆的原则,不可能始终维持一种趋势,历史事实,天天在证明这一点。

恩格斯在《路德维希·费尔巴哈和德国古典哲学的终结》中说："自然科学预言了地球本身的可能的末日，和它的可居性的相当确实的末日，从而承认，人类历史不仅有上升的过程，而且也有下降的过程。"恩格斯当年还不知道有更严重的温室效应、臭氧层破坏、工业污染、人口爆炸、生态不平衡、核战争威胁呢。

3.7.3　矛和盾

"矛盾"一辞，出自精通《老子》的韩非。原意是说，当尧为国王时，全国连续出过三椿不法的事，尧派舜各用了一年时间，一一处理了。孔子于是称尧为"明察"舜能"德化"。韩非则认为舜能施德化，则尧不明察，尧如明察，舜就无法施其德化。这好像有人说，我做的矛没有一个盾穿不破；我做的盾，没有一个矛可以穿破它，然而这两样东西是不可以并世而立的（"夫不可陷之盾与无不陷之矛，不可同世而立。"《韩非子·难》）。虽然，在评述尧舜这件事上，其比喻还很勉强。明察并不能阻止不法的事产生，能派一个会施德化的人去处理，便是对人的明察。

韩非是用"理"来说明相对面，而并没有用"矛盾"作为其代表。儒、道两家都是以阴阳和理来说明事"理"。矛盾一词，不能包括前述各种"理"的动静关系，往往会强调相对面之间的绝对对立和斗争性。不如以"阴阳"为代表的相对面关系全面，也能说明中国哲人视野开阔和远大。一说自瞿秋白翻译马列著作起，采用了"矛盾"作为唯物辩证法中相对面的代名词。马列主义称为"斗争"的哲学，用之无碍。名词是符号，重在内涵，约定俗成，原亦无可无不可。

3.8　利、害

我们研究哲"理"，是研究事物自身和事物之间的因果关系。判别、处理各种统一物的相对面是以人类大我和小我的利益来作衡量的标准，确定其对人有利或有害。

《老子》说："平素的时候，从没有欲望的角度来研究'道'的妙处；从有欲望（企图或行动）的角度来研究'道'的妙用。"（"常无欲以观其妙，常有欲以观其徼。"《老子》第一章）

孔子也说："平居无事时，研究《易经》中的卦象，捉摸理解其解释辞；当有所行动的时候则研究《易经》中所说的变化规律而捉摸其利（吉）或害（凶）的占断。"（"居则观其象而玩其辞，动则观其变而玩其占。"《易·系辞上二》。（易经）里有 384 种可能出现的带有普遍性的情况，并且还可以触类引伸（"引而伸之，触类而长之。"《易·系辞上九》）以至于无穷。要认识事物发展在细微的萌芽状态，和彰明卓著的时候，懂得刚、柔间变化和应用的规律，然后确定自己的一言一动以顺着客观规律而变化。（"知微知彰，知柔知刚。"《易·系辞下五》；"拟之而后言，议之而后动，拟议以成其变化。"《易·系辞上八》）

很清楚，人世间很多"理"，如利害、吉凶、得失、爱恶、善恶、祸福、穷通、贵贱、荣辱、安危、治乱、存止、悲欢、离合、美丑等等，都是和人有关的相对面。既然是相对面的"理"，同样也服从"道"的普遍规律的支配。然而人也有其能动性，可以根据客观规律加以驾驭、控制、引导。理清楚错综复杂的诸多相对面的变化，使在特定的条件、时间下对大我或小我有利。相对面的双方孰为有利？

3.8.1　缺一不可

两个相对面只有在不断地变化运用之中，才能有利，缺一不可。

《老子》论有和无间的关系是"有之为利，无之为用"。引伸到修身的时候说："学间事业上很有成就,但总觉得还有不足,这不足的用处是永远没有害处的;知识道德富于积聚,但总觉得尚有欠缺,这欠缺的用处是无穷的;(同样)十分理直气壮,总觉得尚有理屈的地方;十分聪明才智,总觉得有些笨拙;十分善于言辩,总觉得讷讷不出口。)("大成若缺,其用不弊;大盈若冲,其用不穷;大直若屈;大巧若拙;大辩若讷。"《老子》第四十五章)。这里的缺、冲、屈、讷是出自内心真诚的感觉才会真正的有用。

《易》中孔子所举"一阖一辟"才能称之有门之用;能"一屈一伸"才有利于尺蠖之行。为政亦是如此,要一劳一逸。《礼·杂记下》:"张(劳、紧张)而不弛(逸、松弛),文(王)、武(王)弗能也;弛而不张,文武弗为也。一张一弛,文武之'道'也。"《左传》记:"宽以济猛,猛以济宽,政是以和。"相济就是相成的意思。

《易经》乾卦阳发展到最高位就会"过分得意的'龙'将要有灾害来了"("亢龙有悔")。孔子解释说:"'亢'的意思就是只知道进,不知道退,只知道力求生存,不懂得灭亡,只知道得,不知道失。只有聪明有德,才知道什么叫进退、存亡而不致于失去正路。"("亢之为言也,知进而不知退,知存而不知亡,知得而不知丧。其唯圣人乎,知进退存亡而不失其正者,其唯圣人乎。"《易、乾、文言》)

在艺术领域里,要充分地利用两个相对面。刚柔相济是美学上经常用的手法。

刘熙载《艺概》一书中谈到作文时说:"纷乱的予以整理;孤立的予以辅助;呆板的予以活络;直叙的予以婉曲;通俗的予以雅致;枯燥的予以丰腴。"("纷者整之,孤者辅之,板者活之,直者婉之,俗者雅之,枯者腴之。")一共谈到纷整、孤辅、板活、直婉、雅俗、枯腴、六对相对面,以此纠彼,或亦以彼纠此,只有两者相济才是艺术上的上乘。

3.8.2　时而有利

世界上的事情,假如只有一个单纯的因,引起一个单纯的果,那就好办多了。问题在于事物的复杂性,不能断定那一方是一定有利的。何况由于相对面相随的关系,有利会变为不利,不利会变为有利。《老子》说:"所以事物有时损伤它却反而有好处,有时增益它却反而有坏处"或者是"减少它反而增加了,增加它反而减少了。"("故物或损之而益,或益之而损。)《老子》第四十二章)因此,他在论祸和福的关系时,说明祸福相随,孰知其极。塞翁失马,焉知非福;塞翁得马,焉知非祸。

《易》认为相对面阴阳之间的变化是随时而异("变通者,趋时者也。"《易·系辞下一》)"艮"卦的彖系解释非常清楚说:"艮就是止,可停止的时候停下来,可以行动的时候行动起来,或动或静不失时机,这是光明的道。"("艮,止也。时止则止,时行则行,动静不失其时,其道光明。")

于此可见,缺一不可的两相对面,有利与不利是有条件的,那就是有时这方有利,有时彼方有利。人们随时随地都在趋利避害。

3.8.3　趋利避害

已经从大我和小我利益作出判断而定下的相对面,如祸福、善恶、美丑、安危、治乱、忧乐等,一般地说一方总吉利,相对者总凶害。

在喜惧两方,《老子》说:"天无以达到清朗,就是怕它开裂;地无以达到安宁,就是怕它震发;神无以达到灵验,就是怕它休歇;山谷无以达到充盈,就是怕它枯竭;万物无以能够生存,就是怕他死灭;侯王无以达到高据尊贵,就是恐怕蹉跌。"("天无以清,将恐裂;地无以宁,将恐发;神无以灵,将恐歇;谷无以盈,将恐竭;万物无以生,将恐灭;侯王无以贵高,将恐蹶。"《老子》第三十九章)喜的是有利,惧的是有害。

"时"而有利,也就是说在一定的条件和时间下一方为有利,一方会不利。

在众多相对面相互交叉作用时,又会改变利和害、吉和凶的关系。《吕氏春秋》记::"人之情,欲寿而恶夭;欲安而恶危;欲荣而恶辱;欲逸而恶劳。"在这四组相对面间却又互相制约。荣而多誉,其事必多,不见得能安;逸而不劳,不见得能寿。在中国的经济建设中,曾主张"多、快、好、省"而不要"少、慢、差、费"。以为前者总为有利,后者总为不利。不意求快而难好,反而不省。互为制约的诸相对面之间,决不能机械地认为仅一方为有利。为此而付出的代价是惨重的。

要达到始终保持各方在有利的一面,《老子》认为"得一"(第三十九章)就行。苏辙解释"道"亦即"一"。就是按照"道"——客观的规律来处理。

因为相对面的道会"物极必反",所以处理方法可为:**不使极**。

《老子》提醒人们要做到:"方正但不伤害人;有棱角而不锋利;正直但不放恣;光辉而不耀目。"("方而不割,廉而不刿,直而不肆,光而不耀。"《老子》第五十八章)孔子在《论语》中论《诗·关雎》是:"乐而不淫,哀而不伤"。

"而不"是告诉人要争取有利的一面,而要避免达到极端时可能产生的危害性,使相对面发生转变。

在论音乐的美时,《乐记》要求"快乐而不飞扬;忧愁而不郁结;刚正而不暴怒;柔和而不退缩。"("阳而不散,阴而不密;刚气不怒,柔气不慑。"《乐记·乐言》)

俗说:"不亢不卑",实亦即"盈而不亢,谦而不卑"。《老子》要求"不要过分,不要奢侈,不要自大。"("去甚,去奢,去泰。"《老子》第二十九章)等,都是同一意思。

儒家要求不使极,不但要避免走到极端时产生的转向趋势。最好根本不走到边缘,在两相对面之间采取不偏不倚的中庸之道。《诗·长发》中已有:"不竞(强劲)不絿(急燥);不刚不柔"。可以得到很好的政绩。

钱钟书以"不……不……"句法分为因果句和两端句。两端句便是处于两端(即两相对面)之间的中庸之道。如"不要太丰盛,不要太俭约。"("不丰不杀"《论语·述而》);"不遣送走,不迎接来。"("不将不迎"《庄子·应帝王》);"不去接近他,也不离开他"("不即不离"《圆觉经》)。这类两端句包含著听其自然而又有不使极的意义在内。

另一个处理"物极必反"使之有利之法是**促使极**。

《老子》以三宝:"一慈,二俭,三不敢为天下先"(第六十七章)采取爱人爱物之心,后发制人。他说:"事物到了鼎盛的时期,便要变为衰老,那就变为不道了。不道的东西就要完蛋。"("物壮则老,是为不道,不道早已。"《老子第三十章》)等待其走到极端,不如促使其走到极。他的办法是:"要想收拢它,一定先要伸张它;要想削弱它,一定先要加强它;要想废除它,一定先要兴起它;要想夺取它,一定先要给与它。"("将欲歙之,必固张之;将欲弱之,必固强之;将欲废之,必固兴之;将欲夺之,必固与之。"《老子》第三十六章)诸葛武候七擒孟获,便是采用欲擒故纵的办法。但根本上是攻心为上,化敌而不树敌,可以称是善用《老子》。而不善用《老子》者,加上其出发点不善,本身没有信用;既不德善,又不德信,就沦为阴谋家了。

有些事情,不走到极端想纠正也困难。只能让其走到极端,再予以诱导。孔子说:"不等人家愤愤不平,口欲说而又不能时,不去启发他们。"("不愤不启,不悱不发。"《论语·述而》)钱钟书称之为因果句。因为愤和启,悱和发都不是相对面(两端)而是因果的关系。不过,促使极有时亦用"不……不……"句法,如"不去堵塞就不会流动;不禁止一方便不能推动一方。"("不塞不流;不止不行。"韩愈〈原道〉)借用钱钟书的分类法应为两端因果句。

要像中医行仁术一样,他们很多治疗的方法便是采用了"促使极"。

3.8.4　神、道

天地之间的阴阳的变化无穷,深奥莫测。人掌握了基本规律,能在处理问题时顺时作不测的阴阳变化,这就"神"了。("阴阳不测之为神"《易·系辞上十一》)孔子说:"知道'道'的变化规律的,就知道什么是'神'所做的事。"("子曰:'知变之道者,其知神之所为乎。'"《易·系辞上九》)孔子从来"不语怪力乱神"。"'神''道'设教的真实意义是懂道而灵活运用之(神)。"

兵家以奇正、进退、强弱、勇怯、生死等相对面,运用自如,制胜敌人,那就是"用兵如神";画家能在笔墨的枯润、疾徐、疏密、刚柔的变化,能达意境而感人,那就是"神来之笔"。"神了"一辞,经常出现于赞赏的口语之中。"百姓日用而不知"(《易·系辞上五》),其源却便在"道"和"理"。

3.9　美、文

在中国哲学没有完成完整的系统之前,美和文等字和其所代表的事物早就存在。当哲学系统成立之后,美和文就更富于哲理内容。

3.9.1　美

美字起源甚早。中国造字窗于形象化。古本《老子》美作上少下女。后汉·许慎《说文解字》解"美"为:"甘也,从羊从大。羊在六畜为给膳也。"羊大可以给膳,因得美餐而心中美孜孜。所以美的原意是从生活中得来。

《说文》又说:"美与善同意。"美即是善,这是中外都有的说法。

美字在《老子》中所见共八,《易》中共四。

《老子》谈美已是美丑并论。说明美丑这一组相对面(理)之间的关系,同样服从"道"。

《老子》认为:"天下皆知美之为美,斯恶(丑)矣。"是物极必反,阴阳相易的规律,已如前述。

《老子》又说:"恭敬地答应'唉'和随便地答应'阿',有多大的差别;正像美和丑(善和恶)有多大的差别。"("唯之与阿,相去几何,美之与恶,相去何若。"《老子》第二十章)这是说明美丑相随的关系。

他再提到:"真心由衷的话,词藻不美;而花言巧语的话就不由衷。"("信言不美,美言不信。"《老子》第八十一章)以明内心和言辞之间的联系。这里的"美"的内涵和一般称为善的美不同。这句话同时也包含著形式和内容的关系问题。梁·刘勰解释说:"正人君子平常说话未尝都是简单质直。老子因为痛恨虚伪,所以说'美言不信',但是他自己写的五千字的《道德经》文字未尝不美。"(《文心雕龙·情采》)他仍是以一般美的概念来作评价。

《易》中仅乾、坤两卦,孔子在象辞中提了一下美,仅为赞美之辞。虽然,孔子在《论语》中和其后世儒家对美有所解释,此处将不多谈。

除了美和丑相互关系外,"美"本身也是众多相对面的关系,将于之后的章节中论及。

3.9.2　文

《易》多称"文"。孔子解释卦文的话为"文言"。《周易正义》说,"文言"就是"文饰"。阮元的解释是文言多用对偶,并且押韵、讲究美。

刘勰说明:"聪明有德和贤慧的人,写的书辞,总起来都叫文章,那不就是艺术吗?)("圣贤书辞,总称文章,非采而何。")因为"在绘画里……青和红组合叫做文,红和白组合叫做章。"("画缋之事……青与赤谓之文,赤与白谓之章。"《周礼·考工记》)。或说:"文是形式错杂的画;章是声韵谐和的音乐。"("文,错画也,章,乐竞也。"《说文解字》)"文章就是像集合各色经线织成锦绣;集合各种辞义写成文章。"("文者,会集众彩以成锦绣,集合众字以成辞义,如文绣然也。"《释名》)

形容音乐的美亦称文。"音乐充盈而反覆,其反覆便是文采。"("乐盈而反,以反为文。"〈乐记〉)其注是"文,犹美也,善也"。所以,中国历代,凡是艺术都和文并论。文就是美和善。

文的哲学意义在那里?

孔子说:"道是以理,即阴阳两相对面之间的变动而显示,变动以阴阳两符号表示称做'爻'。阴阳之间的强弱进退,有各种不同的差别,(即相对面随时间、位置、条件而产生差别。),这一差别的理就称为'物'。物错杂地排列便叫做'文'。假如如此排列的相对面不当其位,不顺事理,就产生了吉或凶的现象(或艺术上便是美和丑)。"("道有变动,故曰爻;爻有等,故曰物;物相杂,故曰文;文不当,故吉凶生焉。"《易·系辞下十》)

用"物相杂故曰文"的论点分析文、诗、赋、词、曲等文体,以及书、画等其他艺术。详论其"道"和"理"。中国的音乐、建筑、雕刻,甚至武术、棋艺、医学、兵法等一切可以上升为艺术的事物中,无不讲"道"、"理"。在艺术领域里,"文不当"那就:"美丑生焉"。可见,在中国讲美学而不讲中国哲学,那简直是不可能的。

第 4 章

桥梁美学中诸范畴

已经了解了中外美学的哲学基础之后,再涉足于美学领域,一些已经提到过的和将要提到的美学中常用的范畴,必需辨、正一番,否则将解释不清所发生的现象,判别不了是非和美丑。那些常用的范畴是:

4.1　美的属性

艺术美来自自然界的美,因此,很大一部分美学家认为美是客观事物的属性。在第二章里已经触及了早期哲学家对这一问题的看法,有所答案。但近代的美学家和某些著名的桥梁美学家仍然相信这是真理。

有人认为:"美学的研究对象是客观存在着的美。首先是第一自然的美,它包括自然现象中客观存在着的美和社会生活现象中客观存在着的美。前者又可称为自然的美,后者又可称为社会美。其次是第二自然的美,这便是人们对现实美反映的产物。对于自然现象和社会生活现象中客观存在着的美,我们可以用色泽、声音、明暗、颜色(和色泽之色有重复)线条等感性要素反映它,从而创造出各种艺术美来。"(徐纪敏"科学美学"1991.4.)。美的客观存在的先决条件是人类社会的存在。在这个意义上才有意义。在人类存在以前的自然界,即自然界本身无所谓美和不美。

德国近代桥梁结构和美学专家 F. 莱翁哈特先生在其《桥梁——艺术和造型》一书中,引用了休谟和康德关于美是不是客体的属性的不同说法后,他同意康德的论点,认为:"这里谁是对的? 任何一个有经验的人,曾经仔细观察过周围事物并自己向自己问了这个问题的人,将承认康德的观点是正确的。每一个客观有它的美的属性,它和个别人发觉或未曾发觉这些属性无关。"

他不同意休谟的观点,可是休谟在《论人性》一文中给美下的定义是:"美是(对象或客体)各部分之间的这样一种秩序和结构(构造模式),由于人性的本来构造,由于习俗,或由于偶然的性情。这种秩序和结构,适宜于使心灵感到快乐和满足,这就是美的特征。美和丑(丑自然倾向于产生不安的心情)的区别就在此。"休谟并不认为美是客体的属性,是客体的某种秩序和结构引起人心灵上的共鸣。本来说到这里就好了。错就错在他在《论审美趣味的标准》一文中说:"美不是事物本身的属性,它只存在于观赏者的心里。每一个人心里见出一种不同的美,这个人觉得丑,另一个人觉得美。"于是转向于主观唯心主义。莱氏不同意的便是这种说法。他认为有人把美的看成丑的,无损于美的客观存在的属性,只是认识者的无知或缺乏"接受的机能"。

康德"承认"美是客观事物的属性,他的具体说法是这样的。他在《判断力批判》中说:"审美趣味是一种不凭任何利害计较而单凭快感或不快感来对一个对象或一种形象显现方式进行判断的能力。这样一种快感的对象就是美的。"

美感不等同于快感,这里暂且不说。

审美不能有利害计较在内这是正确的。其实,早在公元前四世纪,战国齐威王的宰相邹忌曾以美不能存在着利害的计较以说威王。邹忌问其门客和小妾,他与当代盛称为美男子的徐公谁美? 门客有求于他,小妾怕他都称邹忌为美。邹忌一见徐公,自叹不如,可见有利害的计算,不能公正地对待审美标准。

康德接着说:"如果一个人觉得一个对象使他愉快,并不涉及利害计较,他就必然断定这个对象有理由叫一切人都感觉得愉快……因此,他会把美说成仿佛是对象的一种属性。"

十分清楚,"仿佛"美是对象的一种属性并不即是对象的属性。仍是对象的某些属性(秩序、构造等)加上同是正常人的审美判断力。

每一个人可以确切地判断,并且可以用特定的定量标准和仪器以确定自然界各种物理属性,但是对美却不能,这是为什么? 莱氏也说:"美学的问题不能单纯用批判性的理由以求得理解,它们处于感觉领域太深,在那里,逻辑和合理性失去它们的精确性。"实际上是在感觉领域进入到生理和心理的机制之中,至少迄今为止是尚不可能予以定量性的计量。客观事物中某些属性和主观世界取得协调一致而产生的美感是难以确切地表达的。

承认美是客体的一种属性必定要承认丑也是客体的另一个属性。因此莱氏说:"我们也可以对人为环境的客体中有美的属性的存在提出反证。想一想城市贫民区的丑陋或单调的方块公寓的压抑效果,或那些比例不好的钢筋混凝土结构……"他对这样的反证没有作出解释,至少他不会说,丑也是客体的属性。

从中国哲学来解释,美和丑是主体人对客体属性的审美判断这一统一体的两个相对面。是密切相关而并非孤立存在的两个不同的属性。

承认美是客体的属性后,联接着就是主体以什么方式接受美发出的信号? 不借用第六感官、艺术细胞,莱氏非常风趣巧妙地借用近代技术中各种信息传递的方式,认为人有接收美的信息的机能。他说:"客体传递其美学价值好像一个信息或刺激,它依赖于每一个人的感觉是如何调整于接受。这一例子是从近代技术引伸出来的,只能看作为了帮助理解而例举的。假如一个人对美的传递是能接受的,然后它就很大程度上取决于他对美的信息具有何等的灵敏和发达程度。"这个接受"仪器"是什么? 仍然只是耳接声波,眼接光波(包括色彩、明暗及立体感)人体接受温度和其他辐射,在大脑中产生快捷,复杂,迄今还没有能够十分科学地确切说得清楚的活动。结果产生了反应。这些反应是满意、愉快、优雅、协调、和谐便是美。结论还是客观和主观的统一。

现在,必须要统一一下关于"统一"两字的涵义。

根据西方哲学,统一的意义有"同一 ONENESS""组合为一 being united"、"复杂的东西是由相关联的部分组合成整体 a complex that is a union of related parts"

中国哲学中亦有"部分合为整体"的含义,主要的是统一物分为两个相对面,而这两个相对面统在道(一)的一致性上。用近代的术语,那就是"辩证的统一"。

审美是客观和主观的结合,缺一不可,并且服从道的客观规律。

4.2　美的相对性

正确地认识美是不是事物的属性，可以正确地去追求和创作美。同时也可以很大程度上解释美有相对性的问题。

4.2.1　绝对和相对美

从自然界中，我们可以看到非比寻常、难以想像的美。

《庄子·知北游》说："天地有大美而不言。"

《淮南子》形容天地阴阳，雨露滋润所化生的万物，有若碧玉瑶珠，翡翠玳瑁，文彩明朗、色泽滋润、耐久不失。天工所造，就是连夏朝的大匠奚仲，和鲁国名师公输班也做不出来，这就是大巧（"奚仲不能旅，鲁班不能造，此之谓大巧。"）

天地间大巧大美的事物是谁创造的呢？这个创造是"神"是"上帝"。客观唯心主义者称之为"理念世界"或"绝对精神"，于是就有"绝对美"。一切世俗之美，相对于绝对的美是不可企及的。

赫拉克利特说："最美丽的猴子与人类比较起来是丑陋的。"因为人是上帝以自己的形象精心创造的产品，而"最智慧的人和神比起来，无论在智慧和美丽和其它方面都像一只猴子。"上帝是绝对智慧和美的化身。

即使是唯物主义者，也只能把绝对精神改为物质性的"道"或客观规律。至于这一道或客观规律是如何产生和能如此复杂而行动自如，还是不能够彻底说得清楚。因此，只能认为绝对是相对的总和。由于时间的无穷性，总是达不到绝对的美。世界上的美总是相对的。这是美的相对性的内涵之一。

整个天地的"大美"照唯物主义发展的观点，应该亦是处在相对的阶段，不过比人类的历史要长，内容要丰富。人不能自负，永远要向大自然学习。

4.2.2　美丑比较的相对性

晋代葛洪写道："没有见过美玉的熠烁焜煌，就不会觉得砖瓦是不值钱（文物除外）；不曾见过虎豹皮张的斑斓动人，就不会觉得狗皮羊皮不过如此。曾经听过舜的韶乐九成白雪之歌，然后才能悟到下里巴人没有韵味，比较低下。"（"不睹琼琨之熠烁，则不觉瓦砾之可贱；不亲虎豹之或蔚，则不知犬羊之质缦。聆白雪之九成，然后悟巴人之极鄙。"《抱朴子·广譬》）由于绝对美的永远不可企及，变得没有多大意义。然而美和丑这一"理"的相对面，显示出美的相对性。

英国的哈奇生（Francis Hutcheson，1694～1747）把美分为两类，即：不和其他对象相比较而显示其美的为本源美或绝对美。和其他对象相比较而得到的为比较美。他说"本源美或绝对美并非假定美是对象所固有的一种属性，这对象单靠本身就美，对认识它的心毫无关系……比较美或相对美也是从对象中认识到的，但一般把这对象看作另一事物的摹本或与另一事物相类似。"

可见这里所称的绝对美和上节所说的绝对美的含义完全不同，只是指客观事物的某些属性引起主体美感的共鸣。或即美的普遍定义。相对美是比较而产生的。美和丑是一组相对面，它们之间有"相形"的关系。

狄德罗（Diderot，1713～1784）有鉴于此，便避免采用"绝对美"的称谓而称之为"实在美"。他说："同一对象，不管它是什么，都可以孤立地就它本身来考虑……在组成它们的各部分之间看到了秩序、安排、对称与关系……那就是我所谓的实在的美。"、"或者就它与其他对象的关系来考虑……在我心中唤醒最多的关系观念和最多的某些关系……由于各种关系性质不同,它们对美的贡献也有彼此有多少……就有美和丑;但是什(多)么美,什(多)么丑,那就是相对的了。"

近代竞赛或竞争体制中,设计方案(包括桥梁建筑)的比选,就是在已有条件下所提供的方案相比较,及与已完成的建筑相比较所作出的抉择,这其间的美丑就是相对的了。

4.2.3　美丑相随的相对性

美和丑两相对面,互相渗透、密切相关,美中有丑,丑中有美。

《墨子》说:"甘瓜苦蒂,天下物无全美。"西方的美学家,经常引用德国美学家梅耶尔的例子,他认为青春玫瑰色少女的面颊和其鲜红的嘴唇,当仔细地观察时,会发现'很'多不美。然而近代科学,用高度的电子显微镜来看一般物质都会发现微观世界极为奇异的美景。

所以中国的哲学中认为"懂得美里面有丑的地方,丑里有美的存在,这样才能真正懂得美和丑。"("故知美之恶,知恶之美,然后能知美恶矣。"《吕氏春秋》)当然,懂得美丑的关系,不仅是指互相渗透的一个方面。美中有丑,丑中有美,所以美总是有其相对性。

4.2.4　美丑转化的相对性

中国哲学中物极必反的规律使美和丑达到一定程度便会转化。这一思想在《老子》中说得很透澈。美和丑的标准,当达到"天下皆知"的时候便要转化。近代所谓"时尚"、"时髦"、"新潮"、"流行",便是利用了这一规律,在追求利润的基础上,以"促使极"的手段改变一时的审美观点。试观妇女服装,总是在宽紧、繁简、藏露、素艳、和各种形式如长短、方圆等相对面及其中间阶段中循环转化,因此,当你认为这是美时,不过是时尚而已,不久便为"过时"而转化为丑。而这"丑"也是相对的,过一定时候又可化为"美"。建筑和桥梁也不例外,图17、图18所示便为一例。这种相对性,会得无所谓美丑的概念。

4.2.5　人物异类的相对性

认为美不是客观事物的属性,是客观和主观的统一,此中的主观,当然是指人类而言,然而在当讨论到世界上美的相对性时,往往把主观作更大范围的扩展。

《庄子》曾说:"越王的美姬毛嫱,晋献公的宠妃丽姬,大家都说美。然而,鱼看见了潜入水底;鸟看见了惊走高飞;麋鹿看见了跳起就跑。人、鱼、鸟、鹿,四种动物那一种算是懂得天下真正的美呢?"("毛嫱丽姬,人之所美也;鱼见之深入,鸟见之高飞,麋鹿见之决骤,四者孰知天下之正色哉。"《庄子·齐物论》)俗称人的美可沉鱼落雁、闭月羞花是反其意而用之。庄子偷换论题,目的是齐物,即齐是非泯美丑,采用的就是他所主张的"拿马来譬喻(白)马的不是马,不如用不是马来譬喻(白)马的不是马。天地与我并生而同体,万物与我为一而同类。"("以指喻指之非指,不若以非指喻指之非指也;以马喻马之非马,不若以非马喻马之非马也;天地一指也,万物一马也。"《庄子·齐物论》)的办法。既没有类的区别了,所以庄周也可化为蝴蝶,也可知道鱼乐。既可泯美丑,又可遍享世间万物的赏心乐事。

法国伏尔泰(1694～1778)认为美是相对的,也举的异类的志趣不同,他说:"如果你问一个雄癞蛤蟆,美是什么? 它会回答说,美就是它的雌癞蛤蟆,两只大圆眼睛从小脑袋里突出来,颈项宽大而平滑,黄肚皮,褐色背脊。如果你问一位几内亚里人,他就认为美是皮肤漆黑发油光,两眼洼进去很深,鼻子短而宽。如果你问魔鬼,他会告诉你美就是头顶两角、四只蹄爪连一个尾巴"。

图 17　日本大阪淀屋桥(1965)
——当年盛行立面上刻划为美,后主张简洁平整而无线条,现又有返回的趋势

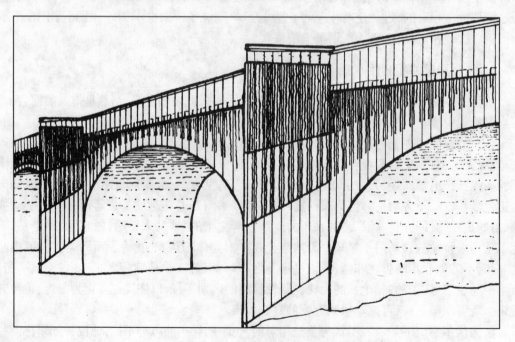

图 18　法国葛利兰桥(1989)
桥立面以疏密、糙细的混凝土来面刻条,以一定的韵律增加形式的丰富

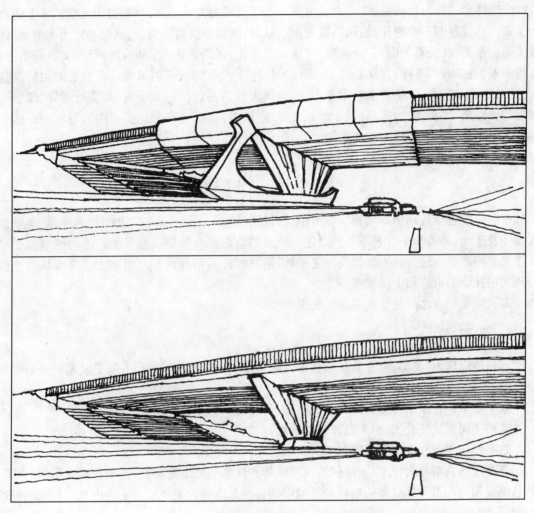

图 19　法国勃利珊桥方案(去诺曼底)
上:建筑师巴比方案,船帆形桥墩　下:去船后形象

　　在建筑和桥梁艺术中,为了追求形式,亦有用不真实的方式来表达结构的内容,在造型上使人产生错误的联想是应尽量予以避免。

4.3.3　表里一致

　　当形式所表达的内容和目的所要求的内容一致时,我们说是形式和内容统一。然而这样的事物并不即等于美的事物。举一个浅显的例子:登记照反映了本人内容的正确形象,当在服饰、背景、姿态、表情作一定处理后,此人的基本内容没有改变,却得出的是艺术人像。因此,还是可以应用形式如何是美的特殊规律或法则,以增加内容的表现力,这便是美学的任务。

　　列斐伏尔(H.Lefeb)所著《美学概论》中指出"内容决定形式是受制约的,但形式是自由的。"艺术上同样的一个主题,可以用不同手段和不同的方式来表达。即如建筑、桥梁而言,功能、意境是所要表达的基本内容,而材料、结构、技术是达到实现内容的手段,因为材料结构、技术的不同,形式便多种多样。形式的不同很大程度便是手段特性的反映。因此,手段的特性也表现为内容。

处理好形式和内容的关系,使之表里一致而又表现为艺术形象,刘勰提出文学艺术上的六个要素:"感情深而不弄虚作假;风格清新而不驳杂;事实可信而不荒诞;意思一致而不变乱;体裁简约而不芜杂;文彩美丽而不淫靡。"("情深而不诡;风清而不杂;事信而不诞;义直而不回;体约而不芜;文丽而不淫。"《文心雕龙·宗经》)使用了六个"而不"因果句。虽然他的主旨是指文艺,对于其他艺术,包括桥梁艺术在内,亦有很大的借鉴价值。关于内容,要处理好"深浅"、"清浊"、"信妄"、"真伪"的关系;关于形式要处理好"贞乱(统一和变化)";"约繁";"美丑"的关系。这一些都是艺术领域中的相对面。

4.4 善 和 美

在美学的哲学基础和其他相应各节中,已谈到过"真、善、美"。古今中外的哲学家、美学家大都涉及于此,是美学中古老不易的命题。一致的结论是人类要求真善美。不同的观点是唯心主义者把理想中最完满的真善美归之于神,绝对精神等精神因素。而唯物主义者认为这些是现实的社会的道德和生活要求。

真、善、美三者之间是什么关系? 先说善和美。

4.4.1 善 即 美

苏格拉底认为"美与善"并非是截然不同的两回事。"例如说,德行并不是从某一观点看来是美的,而从另外一个观点看才是善的。"

亚里斯多德直截了当地认为:"美是一种善,其所以引起快感正因为它是善。"

普洛丁同意这些看法,因袭而言:"美也就是善。"

这些都是把善和美完全等同起来的看法。

夏夫里博兹解释为什么是等同的,说:"精神和性情中见出美和丑,正如它能在形状、声音、颜色里见出美和丑一样。"他把精神和性情中的善和恶也称为美和丑。于是内容中的"美和丑"也表现为形式的美和丑。我们现在称为"心灵美"也即是此。

英国霍布士把善分为三种:"在指望中(即目的)的善即美;在效果上的善即愉快;作为手段的善,即有用的、有利益的。"理解其意思,换个方式来说,即,采用有用有利益即善的手段,以达到愉快即善的目的,便是所指望中的美(善)。或:内容中包含着善的目的,采用善的手段,求得善的效果,其结果便会得出美的形式。不论正叙、反叙,善和美虽说是二个词,可以说是等同的。

中国的美学观点中亦有类似的看法。

楚灵王在章华建造灵台(公元前 534 年),为此群臣称美……伍举进谏说:"美是对上下、内外、小大、远近都没有害处,所以称美。若是看起来很美,在财政上贫乏,是搜刮老百姓为自己享受,又怎能称美? ……假如你认为灵台是美的而为之辩护,苦了百姓,美在那里?"("夫美也者,上下、内外、小大、远近皆无害也焉,故曰美。若于目观则美,于财用则匮,是聚民利以自封而瘠民也,胡为之美?"《国语·楚语上》)

楚灵台美不美是一回事;搜括民脂民膏以修独乐而华丽的台榭,这又是另一回事;这是不善。也可说这不是美事,连带使其建筑物的美亦不能以为美。

4.4.2 美 须 善

一切美的事物,若缺乏善良的基础,则会令人产生抗拒厌恶之情,其美变为不美,这就是项羽烧阿房宫的原因之一。假如阿房宫留到现在，或许也会像故宫、长城一样倍加保护，因为与当代人没有切身利害的冲突，不因其曾经是封建统治，引起民族纷争，成为一切痛苦的原因，而被否定其美。可见善和美有密切的联系，但毕竟是两回事。

孔子听歌颂舜德的音乐《韶》，和歌颂周武王武德的音乐《武》，他的评论是："《韶》的音乐（听起来）美极了，（其主题内容）亦好极了。《武》的音乐（听起来）亦美极了，然而（其主题内容）并不是十分完善的。"（"子谓:《韶》尽美矣，又尽善也;《武》尽美矣，未尽善也。"《论语·八佾》）因为孔子是不主张以军事解决问题的。这里明确地把音乐形式之美和音乐主题内容的善分别开来。

善的事物并不一定是美的事物;美的事物亦可能并不是完善的。然而，作为一个社会性的审美对象，要求能够做到"尽善尽美"。美是人类对形式的审美标准，而善是对大我或小我有利与否的道德标准。善是美的事物的必要条件而不是充分条件。美学中不能不讲善，然而美学重点还是放在研究事物形式美的法则或规律。

公共建筑桥梁，其建筑总目的从来都是善的。当然，在战争时可能有特殊的例外。因此，不能忽视在桥梁艺术创作中时时要想到善的一面。有些建筑法规，把"舒适"、"安全"、"便利"等加在"实用、经济、美观"的基本条件之内，便是要求在桥梁的总体和细节布局中尽量做到"与人为善"。虽然，实用就应该包含着舒适、安全、便利等因素。

人行桥梁中如北京颐和园玉带桥（图20）美则美兮，可惜踏步高陡，不为尽善。近年城市多造人行立交，梯道宜求平缓，以利老幼上下。香港规定，尚需设置残疾人的坡道，桥上并需遮盖，以避风雨（图21、图22）。比较理想的是有自动梯道。在这基础上求造型的美丽。更进一步，不使平坦的城市变为丘陵，要有总体的立体道路规划，尽量使人行和非机动车平坦易行。可惜国内立交达到如此满意的水平者不多。

图20　北京颐和园玉带桥

图21　香港人行立交桥(一)

图22　香港人行立交桥(二)——(有梯道、有坡道)

善了不一定美。要在善的基础上创造美的形式。

4.5　真 和 美

4.5.1　真 即 美

与善和美的关系相类似,一向有把真和美等同一致的看法。

普洛丁认为"真实就是美,与真实对立的就是丑"。

布瓦罗在《诗简》中写道:"只有真才美,只有真才可爱。真应该到处处于统治地位。"

狄德罗解释"真"说:"真是我们的判断与事物的一致。"用哲学的语言说是"主观和客观的统一。"

关于工程建筑和桥梁美学,其真和美的关系比之善和美更为密切。十九世纪的美学家、建筑家约翰·罗斯金提出建筑有七盏明灯,其中之一是"真实的精神"。他认为"真和美是一体的"。

中国哲学家和美学家对真抱有同样强烈的感情。"真善美"在《孟子》称为"诚善美"。真便是诚正不欺的"赤子之心";是《老子》:"含德之厚,比于赤子";"沌沌兮如婴儿之未孩"一脉相承。童心已是诚正的,但要求天真到像婴儿一样根本不知道什么是虚伪。

从道德观念出发,一切主张真就是美,包括罗斯金的"真实的精神"在内,导源于人们对于伪善,不忠实,以及在和平、友谊等的幌子下互相欺骗的行为十分痛恨。罗认为:"一切不真实的都是一样的卑劣。"

从道德观念出发引申到美学思想。首先谈到的是音乐。认为:"唯独音乐这门艺术是不可能作假的。"("唯乐不可以为伪"《礼记·乐记》)

《庄子·渔夫》假设孔子和客的对问,说明音乐无伪,或音乐的真伪立即能够区别的道理。其文并不深奥。他写道:"孔子愀然曰:'请问何为真?'客曰:"真者,精诚之至也,不精不诚,不能动人。故强哭者虽悲不哀;强怒者虽严不威;强亲者虽笑不和。真悲无真而哀,真怒未发而威,真亲未笑而和。真在内者,神动于外,是所以贵真也。"真诚的内容,自然表现为感动人的形式。

因此,由衷的精诚,把感情投入角色,演出的戏剧,谱出的音乐,唱出的歌曲,不论阳刚、阴柔、喜剧或悲剧,都能取得美的享受,余音绕梁,三日不绝。

只要真了就美了吗? 也不见得。

4.5.2　美 须 真

艺术上的真并不完全等同于生活中的真。追求外表表现手法而内容不真实的作品是形式主义的。然而把一切细节都真实地暴露无遗,这样的作品缺乏含蓄是自然主义的。

刘勰说:"动了感情写出的文章,扼要、简单而真挚;为了写文章而写文章,往往淫靡、华丽,烦琐而无边际。"("故为情者要约而写真;为文者淫丽而烦滥。"《文心雕龙·情采》)所以他总括为:"可以出奇制胜但不要失真;可以装饰华丽但不要不实。"("酌奇而不失其真;玩华而不坠其实。"《文心雕龙·情采》)这一结论对所有艺术也都是合适的。

真的事物不一定都是美的,而美的事物必须是真的。

工程技术人员对"真即是美"深表欢迎,这样便可专心技术,不必为合不合艺术而操心。

奥斯卡·费伯在《工程结构的美学》中说:"真就是美,这不过是一种愿望。假如工程师在满意地解决了结构的真实问题同时,亦能满意地解决美的问题,那不知该多高兴。"可惜真的并不一定是美的,解决美的问题还得求助于美学。

真实地暴露结构就是美,曾经是建筑和桥梁的一个学派。这一主张是基于过去一些事实。

如外表是一个壳体,而里面都是一些横七竖八的支撑系统。观赏者原以为它是"真"的壳体,当后来发现是假的,其"美"的形象在心目中便一落千丈。好多早期真实结构的桥并不美(图23)。真实地暴露结构所以不一定美的原因,因为在一个时期的技术条件和水平之下,某些真实的结构形象和细节不一定符合美学的原则。在拙著《桥》一书中已有详细的实例。

图23   早期悬索桥——真实暴露钢结构而不美

真实地暴露材料本身的质地、色泽和构筑方法,在某个时期亦曾起统治的作用。其结果导致泥而不化的局面。为了打破在房屋外墙采用粉刷的"伪"装,结果一度又使房屋成为千篇一律,色调单一的青或红砖外墙。现在的建筑已经由丰富多彩的各种贴面材料所代替,没有人认为这样做是作假而不美。

桥梁中大量采用钢和混凝土,其本身的色泽是黑灰、灰白或灰黄,是没有光彩的材料,从美学角度看,缺乏吸引力。为了避免这一缺点,早期大量采用石料镶面。使建筑物增加造价。为维持真实暴露主体建筑材料的指导思想,混凝土结构使用精致加工的模板,或使建筑表面在勾勒凹凸上采取措施,成为建筑混凝土。可见真还是需要美的处理。然而还是改变不了混凝土灰朴朴的本质。除非建筑材料本身起革命性的变化,目前在桥梁上,特别是城市桥梁已接受了建筑上同样的近代喷涂或其他饰面材料。罗斯金认为"外墙的装饰给人以和内部实际材料不同的材料的感觉"是建筑的"欺骗"这一条审美标准,已经有所动摇(图24、图25)。

4.5.3 真善美

夏夫兹博里在《杂想录》中写道:"凡是美的都是和谐的和比例合度的,凡是和谐的和比例合度的都是真实的,凡是既美而又真实的也理所当然是愉快的和善的。"这一连串的"凡是"显然是美好的理想。和谐、比例合度、真、善、美之间有联系但不是等同。

狄德罗说:"真善美"是紧密结合在一起的。在真和善之上,加上一种光辉灿烂的情境,真或善就变成美了。"

从中国哲学观点分析,善和美及真和美都不是相对面。真、善、美各自的相对面是伪、恶、丑。真伪是事物的本身;善恶是这一事物在社会中被允许存在与否的道德判断;而美丑则是人对这一事物的一种感受。真、善、美是对人有利的相对面。虽然在有些艺术中,可以用伪、恶、丑按相对面相形的原则烘托另一方,以使之更为突出,取得更大的效果。在建筑和桥梁艺术中这种方法是用不上的。建筑和桥梁艺术亦有荒诞不经的流派(建筑中为甚)追求背道而驰、哗众取宠的奇特的效果,这是不足为训的。

图 24　玛赛克贴面人行立交桥

图 25　喷涂保护的美国阳光桥——用 TOX-cofe XL-70 喷涂混凝土墩梁,一以保护避免浸蚀,再则改变混凝土贫乏和不均匀的本色

4.6　饰　和　美

内容表现为形式,形式又可予以一定的美学处理,那就是饰。对饰的解释是:

"饰就是修饰。"("修饰也。"《玉篇》)

"饰字从拭而来,物脏了之后,拂拭而使之更放光明;或则是靠其他的东西而使之明丽,就好像'文'对于'质'一样。"("饰,拭也,物秽者拭其上使明;由他物而后明,犹加文于质也。"《逸雅》)

《易·乾·文言疏》称"文,谓文饰。"

理解饰字原来的意义,再加上艺术上实际情况,且作综合的定义,为:饰便是修饰,而修饰又可以分为文饰和装饰。

以本身的内容,在形式的表达上予以美学法则的处理,称之为文饰。整齐、清洁是美学处理的最简单和基本的方法。

附加其他物品使主体内容表现的形式更为丰富,称之为装饰。一般称饰,其意义偏于装

饰。需要不需要装饰,在美学上便有截然不同的看法。

4.6.1　不必装饰

很多人认为,只要根据自然的内容表现出其自然的形式,不必需要加任何附加装饰。这一结论,大半从自然美和人体美引导而得。

连孔子都说:"我亦听见过,朱红的油漆不必做花;洁白的美玉不需雕琢;光泽的宝珠不加装饰。为什么? 因为其美的质地已是绰绰有余,不需要再接受外饰了。"(孔子曰:"吾亦闻之,丹漆不文,白玉不雕,宝珠不饰,何也? 质有余者不受饰也。"《说苑、反质》)

韩非说得具体:"和成之壁,不饰以五彩,隋侯之珠,不饰以银(子)黄(金)。其质至美,不足以饰之。"人体美也是天然的。

宋玉《登徒子好色赋》说他东邻之女:"增一分则太长,减一分则太短;着粉则太白,施朱则太赤。眉如翠羽,腰如束素,齿如含贝。嫣然一笑,惑阳城,迷下蔡。"

历来大多数的美学家,文学家都认为美人之美,不要靠装饰。李白诗:"清水出芙蓉,天然去雕饰。"杜甫诗说虢国夫人"却嫌脂粉 涴颜色,淡扫蛾眉朝至尊。"虽然,淡扫蛾眉也是小小妆饰。天然的体态"肌理细腻骨肉匀(称)",又值青春年少,"绿鬓红唇桃李花"(崔颢)、再加教养"态浓意远",本来就何必施朱着粉。此即四川俗语"好看不过素打扮"(素,朴素;有时也指素色)。

韩非便说:"要靠装饰来评论其质地的,那就因为质地已经衰退了。"或"物要靠装饰才能推行的其质地已经不美了。"("物须饰而论质者,其质衰也。";"夫物之待饰而后行者,其质不美也。"《韩非子》)所以《后汉书》记李夫人病中蒙被不肯见汉武帝,实因蓬首垢面,脸黄唇枯,将会因"色衰而爱弛,爱弛则恩绝"。

《淮南子·修务训》认为装饰不能使美的更美;同时,装饰可以使丑者更丑(甚至令人恶心)日常生活中也常碰到此类情况。

装饰之所以不为有些美学家所接受者,是因为作假不真,违反了真、善、美一体的原则。

建筑和桥梁艺术中反对装饰者的理由是很多的。卢斯说:"装饰就是罪恶。"建筑师考布西叶说:"装饰是多余的东西,是农民的爱好。"于是得出结论,以结构真实为美。一切装饰是假得不能再假,是不必要的。或认为功能合理就是美等都统治过一段历史时期。西方建筑界从哲学中提出"少即是多"("Less is more"《Crisp Machine Aesfhefics》by Mies Van der Rohe)的理论。其具体的手法是"略去一切多余物"。首先可以略去的自然是外加的装饰了。"直接性"和"简洁性"的要求,装饰自然无立足之地。

4.6.2　允许装饰

不主张装饰的理由概括地说,第一是不能影响真。第二是过份装饰奢侈的欲望不能建立在浪费和其他人痛苦的基础上,亦即是不能影响善。

苏东坡在类比自然美和人体美时说:"若将西湖比西子,淡妆浓抹总相宜。"装饰可以有助于美。其实,在现实世界中,无处不见装饰的存在。

《诗品》说"谢(灵运)诗如出水芙蓉;颜(延之)诗如错采镂金。"二者都美。不过前者雅致而天成,后者靠雕琢辞章,受益于装饰。虽然都美,品位略有高下。

文学艺术中不但允许饰,并且允许夸张。刘勰称:"用文辞写出来的东西,夸饰总是经常存在的"("文辞所被,夸饰恒存"《文心雕龙·夸饰》)譬如:"形容山海的气势形象,说明宫殿的布局气派,夸它们高大突起,光明鲜亮,其光彩丰盛好像要燃烧起来。声音形像高大而仰望若倾的一种动态,就是因为夸张而得其形状,通过修饰文字而得到奇趣。"("至如气貌山河,体势宫殿,嵯峨揭业,熠耀焜煌之状,光彩炜炜而欲然,声貌岌岌其动矣。莫不因夸以成状,沿饰而得奇也。"《文心雕龙·夸饰》)

建筑和桥梁少不得有所装饰。

在不影响结构、功能的真实性的基础上,罗斯金认为建筑艺术和普通建筑的区别便在于装饰;维渥兰脱·勒·杜克宣称建筑领域的二个要素"结构"和"装饰"的绝对需要和亲密的统一。毕加索晚年,曾企图建造以他的风格的绘画、雕塑与建造所组成的建筑艺术品。近代建筑师文丘里反对"少即是多"、认为求少是怕麻烦的"少即是烦"、主张:"建筑是带有装饰的遮蔽所,有装饰才使建筑不同于结构物。"他想在建筑和其装饰中以隐喻、变态、幻觉、符号等手段来表现文脉和抽象的意境和哲学的意义。

文丘里的文脉主义有参考的价值、可是其抽象手法使用不当便会产生难以理解的装饰。

图 26　广东江门外海桥桥头装饰

不知道是不是受了文丘里隐喻、变态、幻觉、符号等手段的影响,中国自熊谷组设计的广东江门外海桥桥头小品,和国人自己设计的广州海印桥装饰小品。(图26、图27、图28)都是令人费解、捉摸不定。也许确有妙趣,然而创

图 27　广东广州海印桥及桥头装饰

作和欣赏者的思想很难沟通。不若美国华盛顿桥桥头意大利所赠黄铜镀金希腊神话故事雕像(图29)和中国重庆长江大桥桥头"春、夏、秋、冬"四个铸铝雕像为严肃、大方而是真正的艺术品(图30)。

图28　海印桥另一端桥头装饰

图29　美国华盛顿纪念桥桥头雕像

4.6.3　善用装饰

装饰与内容关系密切。柳宗元区分为"无乎内而饰于外"的虚饰;以及"有乎内而不饰于外"的藏真。

妄诞和过分夸张的装饰被称为矫饰。刘勰说："饰若极尽文章的要旨,那么文辞就有很多话好说;然而如夸张得不合乎'道理',便会使名义和实际两相背离……所以夸张要有节制,装饰要不妄诞。"("然饰穷其要,则心声锋起;夸过其理,则名实两乖……使夸而有节,饰而不之诬。"《文心雕龙·夸饰》)

图 30　重庆长江大桥桥头雕像

装饰要看内容的需要。

建筑艺术的创作思想,所企图达到的意境,并不能或不能完全表现在受材料、结构、技术所约束的形象之中。黑格尔在《美学》中说:"单是神庙,不能引起神的感觉,还要有神像和一切神的理论。由此可见,以建筑来表现一个思想是无论如何不会充分的,不能令人理解的。所能令人理解的不还是形式的一般联想和感觉而已。"意大利十二使徒桥,后加的雕像增加了古陵的宗教神秘性(图 31)。

中国古桥的装饰,大部与"厌胜"即以神兽以镇压河妖有关,以弥补人力量的不足,有时风景区的桥梁,以匾、联、碑、记等文字说明,点景标题,突出思想内涵。

装饰随时代而变化

《文心雕龙》总结文学发展从淳朴而质直(淳而质);朴实而明确(质而辩);丽则而雅正(丽而雅);夸饰而艳丽(侈而艳);浅薄而轻绮(浅而绮);到诡巧而新奇(讹而新),风景越变越不同。所以他要求在"质和文""雅和俗"这两组相对面之间斟酌处理。

建筑和桥梁装饰亦从质朴到烦琐,又从烦琐到质朴,于两相对面之间不断地物极必反作循环的变化。"多少"、"简繁"之间的转化引起各个阶段的不同要求和相应的"理论"根据,这是自然之"理",因此也就不足为奇。并且根据现阶段情况和发展规律,可以预测下一阶段会成怎样的局面。

图 31　意大利爱留斯桥(十二使徒桥)公元 138 年(十二使徒加于 1668 年)

图 32　法国巴黎亚历山大第三桥(1417)

希腊罗马时代质朴简单的桥梁,到中世纪文艺复兴时代变为复杂繁华的装饰。19世纪工业革命后,结构主义、功能主义、现代主义兴起,不要装饰以反对古典主义和学院派。现在又有后现代主义,要求变化和多加装饰以反对现代主义。文脉主义请求创新地继承民族文化特点。威廉培克说:"丰富即美"又都要求装饰。图32至图35为各种由繁到简装饰的桥梁。

《易·贲》卦中发展到最高位的上九称:"上九,白贲无咎。"王弼注:"这是处在装饰的最终阶段。装饰的最后,又回复到朴素而不要装饰。"("处饰之终,饰终反素。")极端都不好,还是"繁约得正,华宝相胜。"(《论语·雍也》)中国的美学观点,承认不同时代对装饰的要求是随相对面转化而不同。最比较隽永的美是"得中律矣"。

图33　英国牛津过街桥

图34　法国巴黎塞纳河桥

图35 澳大利亚布里斯班桥

4.7 新 和 美

新和美的关系便是新旧与美丑两组相对面之间的制约关系,和善恶与美丑及真伪与美丑的关系相类似。然而不同的是,真伪和善恶这两组相对面,已经程度不同地与利害、吉凶等人事有关的因素结合起来;而新和旧却是整个宇宙包括人在内的一个"理",可以独立在人事的利害关系之外。

4.7.1 革   新

本来新和旧的不断变化是随时间而进行,不可避免和不可抗拒的必然趋势。新代表着和过去不同的事物,是从旧的事物的基础上生长出来的。

从新生长的观点来看,新就受人欢迎。春天来了,万象更新,万物出现了新的生机;新年来了,万事更始、新给人无穷的希望。然而新的生机之中可能包含着不利的因素;希望之中也许存在着失望。新,毕竟还是可喜的。

古人洗手用水相浇以盘接水,汤盘的铭文是"苟日新,日日新,又日新"从洗得干干净净作为新的开始,希望天天保持清新,也即希望天天能够新生。所以说"新的是特别好的"("其新孔嘉。"《诗幽风》)

周革了汤的命,《诗·大雅》说:"周虽然是个旧的邦国,但是他的使命是新的。"("周虽旧邦,其命维新。")

《易》是以变的观点反映世界,各卦无不根据时、空的关系以说变。其中"革卦指的是除旧,鼎卦指的是布新"("革,去故也;鼎,取新也。"《易·杂卦传》)革卦特别指出革的重要性,说:"天地在变革,于是有春、夏、秋、冬四时;(人事也在变革)武王革了汤纣的命是顺乎天道,合乎人情。所以革在时间上的意义大得很呢。"("天地革而四时成,汤武革命,顺乎天而应乎人,革之时大矣哉。")革命的要求是"日新其德"(《易·大畜》)。

在美学领域里,新的产生是在习惯使原来美的事物的形象逐步让人感觉到平淡,甚至导致厌恶的情绪下,再加上与时具进的物质和精神文明,要求变革的产物。人们追求新,觉得新是一种兴奋剂,可以给人一种刺激和新的满足。白居易诗:"古歌旧曲君休听,听取新翻杨柳枝。"新的创作要使人耳目一新。

要变、要新。"穷则变,变则通,通则久"是不易的客观规律,所有的艺术,和刘勰所说的文学艺术一样,要求:"文学艺术的规律是运转不停,每天要革新丰富。变了才会长久,通了才不贫乏。要果断的跟上时代,抓住机会莫胆怯。根据现代的条件制出新而奇的创举,但仍要参照已确定的旧的创作中的法则规律。"("文律运周,日新其业,变则堪久,通则不乏。趋时必果,乘机无怯,望今制奇,参古定法。"《文心雕龙·通变》)

对于追不追求新事物,对新事物的出现采取什么态度,便成为革新和保守,前进和落后的差别。看起来似乎新的总是比较好,因此,于建筑和桥梁艺术的基本规定"实用、经济、美观"有人再附上"新颖"。不理解美观之中便包括新的因素。

4.7.2　剖　新

旧的事物是已经存在过的,因为已经有了时间和环境的考验,所以能够逐步地发现其先天的隐蔽的缺点。同时由于时间的推进,即使一开始没有太大缺点的事物,也会由盛而衰,随着条件变化的制约,优点也会变成缺点,于是便有变革的要求,或改弦更张,或推倒重来。然而首先应该理解的是,新的是在旧的成功的基础上进步。自称为最新的理论没有一个没有其旧的来源。所以新是离不开旧的。那些笼笼统统提打倒一切旧的,一切支持新的便违背了历史的辩证法。

新的事物并不一定是好的或美的。王莽国号曰"新",国祚却不长。在众多除旧革新的创作中,包括艺术中很多创新的流派,只有在经过实践之后,被社会广泛所接受,才能保持其存在的价值。这样的事物绝大多数是保存着旧的优点,克服了旧的缺点,多方面地综合,加进了新的趣味,新中有旧,或以旧翻新或以新替旧,新和旧互相渗透。

新的事物又符合于美的法则,则新的才可能是美的。往往新的东西要取得美,需经过不断地摸索改进才能达到其全盛时期。到了全盛时期之后,便已经有更新的东西在酝酿作取代的准备。所以美有时代性。新,不过是一个时期的时尚或时髦,新风或新潮而已。"画眉深浅"不问美不美而问"入时乎",这是"赶时髦"心理,这一情境,能够入诗而取得美的享受。

建筑和桥梁历史中,新和旧的变革已多次进行,在近百年里变易更为剧烈。换句话说,"物极必反"的周期越来越短。这是因为科学发达,新材料、技术层出不穷,建设周期缩短,创新的机会也就越来越多,也加快了新旧的变化。中国在这半个世纪里,已经历了石拱桥、双曲拱桥、T构和现在尚在"新潮"阶段的斜拉热。在众多建成的新式桥梁中,当新鲜的感觉过去了,人们冷静地来分析,便会发现有的桥美,有的桥不美。

因此,新亦然是必要条件而不是充分条件。

可以发现,新和旧的交替,总是在美学领域中诸相对面间循环变化。刘勰总结他那个时候:"已经文彩照映了十个朝代,辞采已经起过九次变化。好像绕了一个中心轴不倦地在循环运转。有时朴实,有时华丽随着时代而异,有时崇尚这一面,接着又被那一面所代替,是可以推算的。"("蔚映十代,辞采九变,枢中所动,环流无倦,质文沿时,崇替在选。"《文心雕龙·时序》)他只用关键的一组相对面,在刘熙载的《艺概》中指出了不少"文"中的"理"。

4.7.3　创　新

在《桥》一书中,我已经论述过四个创新的方法,即:总结改进;推陈出新;旁搜博览;效法自然。

前两项是纵向地前进,后两项是横向的搜求。横向的事物中也有其纵向的前进,于是创新的来源覆盖着很大的时空。

前面三次创新的方法进程一般是渐进的,而效法自然,可能会有突破性的进展。

人类所掌握宇宙的"道"或"客观规律",今人和古人相比已有天壤之别。然而今人所掌握的还只是极小的一部分。宇宙规律的奥博,实在令人吃惊! 以致于仍有一部分人类处在膜拜而不敢触动,或习惯而漠然的状态之中。绝大部分人是执著地在追求解开其奥秘为人类造福。

看来客观规律亦并非不多不少,自古就这么多的存在着。事物的互相制约,又不断地在产生新的客观规律。可以认为人类的认识是没有尽头的。因此,效法自然是创新的最丰富的来源。

艺术领域里的效法自然,中西方都很早就已认识到。

柏拉图认为艺术是模仿现实世界的外形。而亚里斯多德则认为艺术应当模仿现实世界所具有的必然性和普通性,即它的内在本质和规律。

达芬奇说:"画家如果拿旁人作品作自己的典范,他的画就没有什么价值。如果努力从自然学习事物,他就能得到很好的效果。""艺术不但要模仿自然事物的形象的方法,这就是说要按照自然规律来进行创作。"

效法自然不是徒然效法形式,而要深入探究内容。

唐朝张璪论画要"外师造化,中得心源"。便是效法自然要加上自己深入事物的体会。

清·刘熙载便提出"做自然的学生,做古人的学生,……效法自然是观察他的规律章法,效法古人是观察他们的变化过程。""与天为徒,与古为徒……天当观其章,古当观其变。"《艺概》)

效法自然,只看形式,便是粗浅的"形式联想"。效法自然,深入内容,便是正确的"性质联想"。现今桥梁设计中采用"形式联想"的作品还大有人在。

桥梁建筑材料由竹、木、石、铁、钢、合金、钢筋混凝土(R.C.Reinforced Concrete),预应力混凝土(P.C.Prestressed Concrete)走向纤维混凝土(F.C.Fiberconcrete)时代。钢筋变革为纤维,混凝土变革为塑料、或珊瑚混凝土。扇页珊瑚为 F.C.Fan Coral,簇珊瑚层混凝土亦为 F.C.Fasciphyllum Concrete。其施工方法可不用模板,类似于钢丝网混凝土(F.C.Ferro Cement)的施工,成为将来的混凝土(F.C.Future Concrete)。新的结构,可以构成各种形状的壳体桥梁,其艺术形象和色彩将大为改观! 我们将效法珊瑚、贝类在水中取材的本领建设跨水桥梁。

第 **5** 章

桥梁美学中的普遍法则(一)

5.1 法则的必要性

一切艺术都有法则。

孟子曾说:"像离娄这样聪明的演奏家,不懂得音乐的六律就不会调和五音;公输班(鲁班)这样的大匠师,不用圆规角尺,画不出圆和方来。"("离娄之明,不以六律,不能正五音;公输子之巧,不以规矩,不能成方圆。")

书有书法,画有画诀;诗有诗律;戏剧有一定的表现程式。原苏联戏剧大师斯坦尼斯拉夫斯基认为:"严格按照程式进行艺术创造是戏曲重要特色之一。"

建筑有营造法式,于桥梁亦然如此。

然而世界上很多艺术家反对法则。国外反对桥梁有美学法则的亦不少。这些意见,必须予以重视。在反对的意见中存在着正确的部分,须加以考虑,吸收,并补充现有桥梁美学的不足。

5.1.1 对法则的不同看法

法则,有时称为公式。1944 年查尔斯·霍尔登(Charles Holden)说:"公式可能是一个好的仆人,但任何时候是一个坏主人。"他允许公式或法则存在,只是要求主动灵活地应用,而不是刻板地服从。这个意见应该是正确的。

1911 年欧斯脱·强生(Ernst Jonson)在讨论《工程和美学观点的拱的原理,及其应用于大跨度桥梁》一文时认为:"对于一个工程结构来说,确确实实需要设计得除了满足其物理目的外,在某种程度上,让观察者能有面对着建筑艺术最佳的那些工程面前所有的相同的愉悦。"

然而这是一个错误,即假定这一结果可以遵循一定的规则来达到。

对于建筑设计者来说,法则不仅没有价值,而且实际上有害。有意识的说理,看起来与潜在意识的,智慧的方法对于艺术家所具有的创作功能有所抵触。艺术的规则或原则不能安全地被应用。即使在评论家在形成其判断的时候,只有当它形成之后,才能予以证明。"

总之,创作不能靠法则,而是靠"潜在意识"和"智慧"。可是没有说明这两项是从那里得来的?

1938 年的一篇文章《公路短跨桥梁的美》中,赖斯里·苏莱门(Leslie R. Schureman)观察到:

"一个最近发生的使人紊乱的趋势是,替桥梁设计的建筑方面排出规则。大部分这些规则已经从可以应用于所有建筑领域各方面的广义基本理论中被引导出来,在桥梁美学中将之拙劣地标准化和普遍化。这是很清楚的事,过份信赖这些公式是不明智的。危险并不在于那些没有问题的结实的原则,而是在于其解释。经验告诉我们一件事,在桥梁美学设计中没有捷径、公式、规则和表格,辛勤的研究和分析不可能被代替,努力去达到每一个单独问题的解决。"

看来他不反对"结实的原则",而是反对错误的解释和公式化、表格化、规则化,主张多分析研究。

1941 年心理学家查里斯·萨谬尔·梅亦斯(Charles Samuel Myers)在他所写的《美学和工程》中作如下结论:"在某些场合里,这些美学原则,类似于韵律和诗的构成中的其他经典规则,它们可能全部被遵守了,而于唤起美这一点上却失败了。部分原因是遵守规则在美学上尚不足够甚至不需要;部分原因是缺少美学的布局和形式,(这些布局和形式)只要从实际经验中取肯定的成果就可以了。"

那就是说,有了原则和法则不一定能取得美的创造,正如懂得格律会做诗词但不一定做得好。

1958 年西班牙著名工程师爱德华·陶乐嘉(Edwardo Torroja)所写《结构的美》一书中的一部分谈到关于结构的哲理,总结地告诫道:

"设计者必需更多地依赖他的生动的艺术背景,胜于生硬和板结的规则。因为在艺术领域里比在技术领域里更难去写出规则,特别是假如这些规则不仅是对艺术哲学上的考虑模糊,且缺乏对这一特殊问题的直接接触。"

美学根源于哲学,但是仅从哲学还说明不了美和美的手法。特别是西方哲学是如此。中国哲学已具体地应用于美学。

1966 年怀尼·司诺顿(Wayne H.Snowden)在《美的公式》一书中告诫说:"美的公式和应用它的人们一样的多,因为它们必须包括一个主观项。它们不能放进计算机,用分析不能得到结果,正如工程手册上的公式一样。假如应用的只是高度抽象和理解错了的术语,则是十分危险的。公式的目的必须能够有理的、项目清楚、和其基本点都能理解。"

1983 年利本伯格(A.C.Liebenberg)在其著作《桥梁的美学评价》中说:"美学这一题目,自从最早的哲学柏拉图(Plato),亚里斯多德(Aristotal)和普洛修斯(Plotinus)时代起,就有不少争论,直到今天,没有普遍被接受的美学理论。艺术和建筑从好多方面发展,其中也包括对原则和规则的公式化的不同的尝试,包括希腊时期有名的黄金比,这已是上了年纪的公式化。其后的不同尝试产生了美的形式的几何公式。然而依曼奴尔·康德(Immanuel Kant)可能是第一个评价美是等于和独立于理性及伦理。今天很多艺术家和建筑师的表现,证实没有规则可以创造或衡量艺术和建筑的质量。"

"这里并没有想对过去和现在所产生的设计规则加以贬损的意向。特别是对于新手,它们为了有用的目的是没有疑义的。"

无论如何必须记住,这些规律或定律是从过去的结果中推导出来的。……因此,处理成为普遍化需要特加小心。每一个设计,即使应用了这些法则,最好作独立的考虑。一个富于想像的调整总能产生一些改进的结果。"

所有这些论述中,除了少数完全反对规则、法则、公式外,大多数是有条件的指出其不足,承认有时是有用的,但不要使之刻板和僵化。

5.1.2　讨　论

在讨论一个问题的时候,首先最重要的工作是澄清将欲讨论问题中所提的辞汇、名称的内涵的一致性。否则将你说你的,他说他的,牛头不对马嘴。

我相信,前面所引诸家作者所谈到的规则、法则、公式、原理等都是实有所指,但彼此之间可能小有出入或甚至大不相同。假如所说的规则、法则、公式指的是用数学方式来表达美学定义时,则我也同意迄今为止没有多大意义。这些公式,或多或少地在进行数学游戏。即使是有名的"黄金比"和"动力对称"Dynamic Symei 等都是如此。虽然现在专门有人在研究程序以使美学能用计算来操作。智能计算机现在处于初级阶段。数学计算计只能计算公式,然而因为艺术的因素太多,目前尚无法简单地公式化。

规则、法则或原理若是真实地总结历史各时期成就的普遍规律,则应该对目前的和今后的工作能指导作用。世界上有没有历久有效的规则、法则或原理呢? 应该说是有的。使用刀、枪、剑、戟时代产生的《孙子兵法》,对于近代火器的战争仍起有效的指导作用。中国艺术中的书画、篆刻、音乐、戏剧等的普遍法则,很多亦仍适合于近代艺术。当然,近代艺术需要在普遍原则之外还增加时代的因素。这就是苏莱门的"没有问题的结实的原则"加上利本伯格的"富于想像的调整"。

想要建筑一座美丽的桥梁,其创作方法是靠"潜在意识和智慧"或"实际经验"呢? 或还需要一定的理论指导? 我们不否认很多民间艺人,或有些实际经验丰富的工程师们能创造出美的作品。他们的创作能力,得之于丰富的经验和细心的观察,形成了"潜在意识",集中了广大的"智慧",然而只有将实践上升为理论才能称之为大师。"

当判断一件艺术作品的时候,艺术"敏感"的人,站在一幅成功的作品面前立即能获得愉悦,这也正是多年鉴赏的积累,而不是灵感的相通。然而只能连声说好而说不出"道""理"来的鉴赏者,便大不如可以说出"门道",亦即该门艺术的法则的鉴赏行家。"品头评足"的品和评,便有一定的鉴赏级别和标准。

5.1.3　三种类型

不主张或不强调理论的法则、原理等的人,大致可分为三种类型。

第一类是致力工程技术的工程师们。他们对结构的数学公式和桥梁工程的技术内容十分熟悉。然而对导源于哲学、心理学、伦理学和视觉原理的美学原理、法则不容易接收和理解。特别是对那些莫名其妙的"解释"和"模糊的哲学上的考虑",以及不从主客观统一的因素出发,过分强调主观因素的美学观点,促使他们摒弃法则。于是作品或美或不美,完全凭偶然因素。

第二类是一知半解地懂一些美学法则,为不正确的"生硬和板结"的法则所误。有了法则却创造不出美的形象。不懂得法则的普遍性、灵活性和变化性,进而否定一切法则。

第三类人是对技术和艺术都有很深的造诣,并且有丰富的创作及取得成功的经验。他们知道"尽信书不如无书",不是教条式地应用法则。而是通过了一段"不踰矩"(不脱离法则)达到"随心所欲"的阶段。战争时不翻兵书,烹饪时不称作料份量,写作时不查文法,鉴评时即下定论,他们也不要法则。事实上已是融汇贯通,心领神会,达到了艺术的高峰。

在谈法则之初,剖析这些问题、主要是要理解到"超然在法则以外的人,他的法则是不一定的,于是可以知道,不用法则的法则也是法则。"("法外人法无定法,是知非法法也。"佛寺联文)

崔瑗《草书势》说草书是"方的不合角尺,圆的不合圆规。"("方不中矩,圆不副规。"),但是却在其"俯仰之间有一定的仪容"("俯仰有仪"),还是带有法则。

钱锺书汇集了多家关于"立"和"权"的关系,立是立法,权是权宜。特别是对"权"字的解释。

"权,就是和一般的不一样但仍旧是合于'道'的。"("权者,反常而合于道者。"皇侃)

"权,就是'道'的变化,变体没有一定的格局。神奇而明朗,随人而异,无法预先就想到该这样,尤其是最难的事。"("权者,道的变化。变无常体,神而明之,存乎其人,不可豫设,尤至难者也。"王弼)

"先违背了法则,而后来发现还是合乎(道)的叫做'权';先合乎法则,而后来又违背的叫做不懂'权'。不懂'权'的,善的反而变成丑的。"("夫先迕而复合者谓之权,先合而后迕者不知权,不知权者善反丑矣。"《文子·道德》)

基于中国哲学的中国美学思想,是深刻而丰富的。普遍法则一定要懂得,应用起来却要"神而明之"。这就是本节写在法则之前的目的。

5.2   多样与统一

多样与统一,有时又称变化与统一。

从宇宙现象总结而得的法则,第一重要的是其多样和统一的普遍规则,也是美学中第一重要的规律。

仰观天文,俯察地理,宇宙间万物层出不穷,然而从其变动的现象,虽然似乎杂乱无章,然而却有道理可循。中外古代哲学和近代哲学与科学都证明了这一点。

世界是复杂多样的但是统一的。

"聪明有德的人看到了天下事物的复杂多样……又看到天下事物在变化着,便仔细研究其各种聚会在一起的理,和寓于理的通达的道。"("圣人有以见天下之赜……有以见天下之动而观其会通。"《易·系辞上》)得出结论是:"天下事物的变化是在统一的法则下进行的。"("天下之动,贞夫一者也。"《易·系辞上》)同时,也得出中国美学中经常应用的结论"阴阳(理)的变化杂处,就称为文采。"("物相杂,故曰文。"《易·系辞下》)《国语·郑语》中说"物一无文"。这里的一是指一致、划一而不是统一的意思。只有一样事物或一条事理,不能成为文采。因此需要物的多样性或物的变化。

希腊毕达哥拉斯学派说:"和谐是杂多的统一。"

莱布尼兹认为:"世界好比一架钟,其中部分与部分,部分与全体都安排得妥妥贴贴……从美学观点看,它也是最美的,因为它最美满地体现了和谐是寓杂多于整一原则。"这是源于亚理斯多德的"有机整体观念"。"一个完善的整体之中各部分须紧密结合起来。如果任何一部分被删去或移动位置,就会拆散整体。因为一件东西,既然可有可无,就不是整体的真正部分。"整体性要求统一性,统一在这一事物的普遍和特殊性之中。

5.2.1   和 与 同

中国美学家们都谈到历史上著名的和同论。

公元前八世纪,史伯和郑桓公有过对话,史伯说:"只有'和'才能生长万物而'同'会使万物没有后继。以不同的一面去调整另一面,方才能够丰富生长而产生物,假如以同一物去增益同一物,最后都一样被抛弃。……所以用五味来调剂口味;使四肢有力而身体健壮;调和六律,可使耳朵聪敏……。"("夫和实生物,同则不继;以他平他谓之和,故能丰长而物归之,若以同裨同,尽乃弃矣。……是以和五味以调口;刚四肢以卫体;和六律以聪耳……。"《国语·郑语》),接着说:"只有一种声音便没有听头;只有一样事物便缺乏文采;只有一种味道,就不成其为果类;只有一件东西,便无法有所讲求。"("声一无听,物一无文,味一无果,物一不讲。")

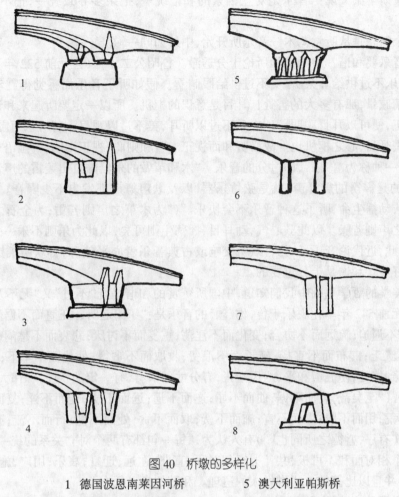

图 40　桥墩的多样化

1　德国波恩南莱因河桥　　　　5　澳大利亚帕斯桥
2　德国彭独夫莱因河桥　　　　6　英国阿冯港口桥
3　德国施盛许莫泽尔桥　　　　7　瑞士费尔塞那桥
4　法国巴黎塞纳河桥　　　　　8　荷兰东些尔德桥

5.3　协调与和谐

5.3.1　以协调求和谐

在美学中和谐是个重要问题。

最早提到和谐的是帝尧说:"夔,命你来掌管音乐部门,使得用金、石、丝、竹、匏、土、革、木八种材料所制造的乐器,奏出和顺的声音,不要参差不齐,以协调天上的神和人间的人达到和谐的目的。"(帝曰:"夔! 命女典乐……八音克谐,无相夺伦,神人以和"《尚书·尧典》)

在这里,需要把协调与和谐这二个在《辞海》没有收入,但在习惯上所经常使用的词予以约定俗成。即,虽然两词的含义似乎极为相似,这里认为,和谐是结果和目的,协调则是手段。

完整与和谐也是从古希腊以来的美学家们所着重研究的。希腊毕达哥拉斯学派认为:"美就是和谐。"和谐的事物,可以引起人们生理和心理上的共鸣,因此就产生美感。

毕达哥拉斯学派又说:"音乐是对立因素的和谐统一,把杂多导致统一,把不协调导致协调。"

和谐这个概念是从听觉艺术—音乐所开始,中外如同一辙。

为什么音乐要和谐?中国美学所论十分透澈。鲁昭公二十年(公元前522年)乐官伶州鸠论乐,说:"音乐不过供给耳朵听;美不过供给眼睛看。假如听了音乐而感觉得震动,观赏美的事物而使眼睛眩晕,那有多大的害处!耳目是意识的枢机。所以一定要听起来和谐,看起来正当。听和视正,便可以耳目聪明。"("夫乐不过以听耳,美不过以观目。若听乐而震,观美而眩,患莫大焉。夫耳目,心之枢机也。故必听和而视正。听和则聪,视正则明。"《国语·周语》)

反之,有一种称为"侈乐",即过分的音乐。"木和革做的乐器敲打出轰雷的声音;金和石做的乐器奏出的是霹雳的震耳声;就是弦竹乐器,以及歌声舞声都发出不少噪音。只会惊骇心气,损伤耳目,动摇生命,听了这种音乐不会快乐。"("为木革之声则若雷;为金石之声则若霆;为弦竹歌舞之声则若噪。以此骇心气,动耳目,摇荡生则可矣,以此为乐则不乐……"《吕氏春秋·侈乐》)因此,近代论音乐,认为喜欢听交响或古典音乐者心平气和,喜欢听摇滚、霹雳音乐者往往烦燥好斗。和谐是十分重要的。

从中国美学的哲学基础中我们知道,中国所赞赏的和谐是既"不过"又"无不及"的"中和"的和谐。公元前542年季札观乐于鲁,称《颂》的音乐是:"了不起呀!正直而不倨傲,委曲而不屈折;接近而不逼迫;疏远而不协合;变化而不淫荡;重复而不讨厌;悲哀而不愁闷;快乐而不荒废;应用而不匮乏;广布而不宣扬;施予而不浪费;收取而不贪得;处位而不卑下;进取而不妄动;处理得恰到好处,使五声和平,八风端正,有分寸的节奏,有一定的秩序,和伟大的德行的做法是相同的。"("至矣哉,直而不倨;曲而不屈;迩而不逼;远而不协;迁而不淫;复而不厌;哀而不愁;乐而不荒;用而不匮;广而不宣;施而不费;取而不贪;处而不低;行而不流;五声和,八风平,节有度,守有序,盛德之所同也。")有人认为,"每一句都有两个对立关系的统一。"实际上是每句都说一个相对面和不可极,共计七组相对面:直曲;迩远;迁复;哀乐;用广;施取;处行,十四个因果句,并且以比德的方式讲做人的道理。和谐的意义便在此。

和谐的音乐称为"适音"。

《吕氏春秋》解释道:"什么叫做适?适就是衷音。什么叫衷?……衷就是大小、轻重的中和,……清音和浊音的中和。所以衷就是适,以舒适的心情听舒适的音乐,那就和谐了。"("何谓适?衷音之适也。何谓衷?……大小、轻重之衷也,……清浊之衷也。衷也者适也,以适听适则和矣。"《吕氏春秋·大乐》)

本来听音乐要求使人舒适,所以讲求和谐。即使是在愁绪万端的时候也要求音乐予以排遣而不是增加痛苦的感情。在文学艺术中,大量地发泄愁思的文章,亦不过是一吐为快,求得心情上和平舒适,慢慢地变得乐以忘忧。

以上所述乃音乐和人在感情上和谐的道理。音乐本身又是如何取得协调以达到和谐?

毕达哥拉斯学派主张世界统一于数。音乐中的和谐即是数(波长、频率等)的和谐。因此,音乐中基本的和谐是正声。声都不正,音便不和。中国史籍中历代便有很多正声的议论。而"欲得周郎顾,时时误拨弦"便是不正之声吸引善正声的周郎。"半黍分明玉尺量",以古代玉尺纠正用今尺按古记乐器尺寸所制作而产生的误差。声既正,"声成文"便是音。

赫拉克利特说:"音乐混同不同的音调的高音和低音,长音和短音,从而造成一个和谐的曲调。"而5.2.1中晏婴早认为音乐要在"清浊、大小、短长、疾徐、哀乐、刚柔、迟速、高下、出入、周疏"等相对面间使之协调而和谐。整个艺术的协调和谐,无不在各种相对面之间进行,音乐不过是更接近于建筑和桥梁艺术而已。

和谐这一目的,不单适用于音乐,也适用于所有其他艺术,如绘画、舞蹈、雕塑、建筑等一切艺术领域。实质上便是伶州鸠所论听觉艺术和视觉艺术的共同之点。理解了听觉和谐就不难理解视觉和谐,虽然,其对象的材料和表达方式是不同的。从人类器官的两个主要窗口所接受来的信号,在中枢神经中所导致的反应有共同一致之处。

西方多数美学家的观点,认为建筑和桥梁的和谐亦在于数。他们从自然界、健康的人体或古代成功的建筑物之中,去找数的和谐,发现数的和谐表现在比例、平衡等一系列尺寸和体量的关系之中。中国美学研究各种相对面之间的关系,内容更为丰富。

建筑和桥梁的协调以达到和谐,从总体上说分为两大部分:尧对夔的要求就是先使乐曲本身和谐,再使乐曲与接受者相和谐。近代波兰桥梁美学家葛龙勃·约瑟夫在其《近代桥梁设计中的美学情况》说:"美学造型一项,今天已有更广泛的含义。它不但指桥梁本身必须美,也需使桥梁在材料和形式上与环境相适合。它必须是环境的一部分,或是加强环境的一个因素。"因此,协调分为两类:分别为个体协调,即建筑物本身内部各部分之间的协调;以及公共协调,即建筑物与环境,包括与其他建筑物之间的协调。

5.3.2　桥梁本身的协调

桥梁本身的协调即桥梁个体协调。

亚理斯多德说过:"和谐的概念是建立在有机整体的概念上的。"各部分的安排见出大小比例和秩序,形成融贯的整体才能见出和谐。建筑物是由很多部分所组成的。所以在建筑艺术中极注意局部与局部之间及局部与整体之间的关系。

多样统一的原则就是要"把杂多导致统一,把不协调导致协调。"不能把不相协调的形象胡乱地拼凑起来。"不管写什么,总要使它单纯,始终如一。"这是贺拉斯在《论诗艺》一书中的论点。在建筑领域里,安德烈·路卡脱建筑师认为:"建筑要作为一个各部分有机的组合…必须按相同的韵律。假如缺少韵律,那就是大的冒险,不可能获得成功。"

看来最简单的协调是要求整齐而有秩序(守有序),这样可以使桥梁比较好看或至少不难看。从这一基础上再使之参差而求富有韵律的变化(节有度)以求得美。

在文字领域里,有时还有条件地应用一些不协调的手法为衬托,使和谐更为突出。在建筑领域里,最好避免采用这类方法。我们从不协调的个体建筑中看出协调的重要性和如何予以协调。桥梁个体协调重点如下:

5.3.2.1　协调形式

形式上不协调便称不上艺术形象,当然程度上有所不同。

成昆线拉旧铁路桥(图41)是铁路桥梁中首先采用112m跨度栓焊钢桁梁的新技术。其形式是:河道正桥共二孔,一大一小。小孔为简支平弦,大孔则为简支刚性梁柔性拱。此两孔桁高相等,但为不对称又不平衡的形式。拱脚起拱点与桁梁端斜杆间折角过大,过渡不为和顺。引桥 P.C. 梁和钢桁梁高不等,梁底不齐。引桥锤子式长方形截面墩和正桥实体椭圆形截面桥墩形式不统一。正引桥联结部分变化突然,缺乏有机的联系。这座桥在功能和结构上都可以说是满足要求、真实无伪,然而却是一座杂乱拼凑的桥梁,有杂多而不统一,也就谈不上韵味。

广东肇庆西江桥是一座公铁两用的桥梁。正桥为平弦导跨华伦式钢桁梁、已具有钢桁梁视觉上混乱的缺点,引桥用框式的墩柱,预制预应力梁。两种不同结构形式的组合原无不可,只要在其衔接处注意美学上的处理,便至少不会难看。可惜设计者不但掉以轻心,且其盲肠式的匝道布置欠妥,形式联系亦甚突兀,使桥极不协调。据称其桥墩施工有些改良的新法,可是这对桥的造型毫无所补(图42)。

图41　成昆线拉旧铁路桥

图42　广东肇庆西江桥

铁路桥梁历来被认为是比较丑的,正是大部分铁路桥梁工程师迄今仍缺乏艺术训练的结果。

　　修复或加固老桥极须注意保持原桥的形式和风格上的协调,或更进一步予以改善,图43为甘肃兰州清末所建黄河铁桥用拱杆作为第三弦以加固老桥;美国马休斯桥(图44)DRC公司亦采用加拱杆的方法,使比加固前更可观。加固老桥不时发生令人遗憾的做法。遭破坏了少数孔的石拱桥,用钢筋混凝土双曲拱填补,造成材料上、形式上、风格上多方面的不统一。如安徽池州桥、河北丹径石拱桥、山东兖州泗水桥等。

图43　甘肃兰州黄河铁桥加固

图44　DRC　公司加固加宽美国马休斯桥方案——Mathews Bridge

5.3.2.2　协调体量

正引桥之间,上下部之间,体量的协调关系也很重要。武汉、南京等长江大桥设计中争执的焦点亦便是正引桥联结部分桥头建筑的体量问题。

1826年英国建成的门奈桥、中孔为当年最大跨径176.5m的悬链桥,引桥则用厚重的石连拱(图45)。桥的整个形象,正引桥之间和桥面以上与以下之间,体量轻重悬殊。尤其是上下部之间,缺乏一定的变化衔接关系。可是,桥成之后,悬链或悬索桥、塔跨之间用强烈的对比法,成为当年桥梁美学中的一个倾向。在相当长的一段时间里,影响着欧洲与美国的悬索桥的设计。然而,当之后建造的悬索桥、桥塔与引桥也采用轻型结构时,不但更为经济,同时也取得更为和谐的美学效果。

图45　英国门奈桥(上轻下重)

在我国近代桥梁设计中,体量悬殊的桥还比较多。如广东江门栈桥为多孔双曲拱(图46)支承在双柱之上。广西绣江桥7×32m及湖南醴陵3×42m的双曲拱也都支承在双柱排架上;结构的选择和配合上有缺点,使人有头重脚轻的感觉。铁路上小跨度而用厚实的高墩的桥梁极多,如铁马河桥、北大河1号桥等,以墩高作夸耀。可惜不论在尺寸和体量上都不协调。

四川川西2号桥中孔为180m钢箱拱,引桥亦为厚实的石拱(图47),与中孔为悬索相较,体量的对比有所淡化,但若用更轻型的梁柱结构,也许会取得更和谐的效果。广东番禺钢构拱桥(图48)桥墩体量亦嫌过大(相对于拱肋)近处大小跨拱相交处桥墩,变化不和谐,桥墩收为独柱,与保留的钢双壁围堰作防撞设备亦不甚协调。

5.3.2.3　协调功能

桥梁各部分都有具体的功能,除了主要功能外各个历史时间还提出了诸如防御、宗教、商业、纪念等附加功能。南京长江大桥还附加了政治宣传的功能。各部分主要和附加功能所表现的形式既要切题,又要协调。

图 46　广东江门双曲拱桥(上重下轻)

图 47　四川川西二号桥

　　桥墩的功能是支承上部建筑,图 19 所示法国去诺曼弟的一座跨线桥方案设计成帆船形式,使形式和功能不相协调。

　　较大城市桥梁有桥头建筑、在功能上除支承上部建筑外,也可以是桥与江边路面的通道。其建筑功能在于界分与过渡可能是不同结构形式的正引桥,亦有赋予桥梁入口的标志的作用。有些建筑师从形式出发,创作出和真正功能联系不上、并会引人联想到其他功能建筑的形式。如正在建设中的武汉长江公路桥所征求的桥头建筑方案中,有以主桥 420m 双索面斜拉索的拉索作为桥梁建筑韵律中呼应的主题,得出图50、图51的造型。前者有似游泳跳水跳台,后者有似电报发射或配电电网装置。

图48　广东番禺钢构拱桥

图49　武汉长江公路桥桥头建筑方案(一)

5.3.3　桥梁与环境的协调

桥梁与环境的协调也即公共协调。

桥梁所处的环境可分为自然和人为的两大类。郊外的桥梁要与大自然相协调。城市中的桥梁,则又得与人工的绿化环境、园林景致、附近的房屋建筑或桥梁建筑相协调。

　　桥梁与其周围的环境结合成一个整体。现在桥梁的整体是作为大环境中的一个个体来考虑。协调仍然是在部分与部分,部分与整体之间进行。可是,环境本身是复杂的。

图 50　武汉长江公路桥桥头建筑方案(二)

　　赫拉克利特说:"结合体是由完整与不完整的、相同和相异的、协调与不协调的因素所形成的。"又说:"最美丽的世界,也如像一堆马马虎虎堆积起来的垃圾堆!"若照这样一说,去协调一个环境,岂非没有什么意义了。或则退一步如威许娄在《科学中的美学》一书中说:"一个人不要过分地去强调这一事实,即每一事物和其本身及其所处的环境有关。"

　　遗憾的是,我们的周围有很大一部分被赫拉克利特等说对了。且不说自然界,中国的很多城市清一色的中国建筑,被世界各种风格的建筑搞得杂乱无章。城市建筑在很长一段历史时期里,因规划不断地被干扰,建筑标准和风格不断地变化,市政各部门之间存在着不相统属,各行其是的事实,使环境本身已很不协调。在中国城市中较难处理的问题之一是,替近代文明带来了动力和光明的通信和电力线路系统、横七竖八,把整齐的环境也搞得不协调起来。如苏州宝带桥石拱上的电杆与电缆、北京卢沟桥的明线照明(现都已撤去)以及赵州桥、灞陵桥等古桥上空的电缆,似乎是小事,却产生极不和谐的效果。

　　当然,我们并不如赫拉克利特那样过分的挑剔和悲观。环境是可以整理的。不协调的环境可以使得协调起来。协调了会再被破坏,则再进行协调。人们,包括设计和决策者在艺术修养上的提高,会把人类居住的环境打扮得更为舒服和美丽。

5.3.3.1　协调桥梁与其他建筑

　　建筑界(包括桥梁界)在新建筑与原有建筑的协调问题上,有两种极端的态度。一种认为需要对原有建筑作必须的协调的考虑。另一种则是追赶时代步伐,脱离环境的束缚去立意、构思,追求"个性"和"特色"。

特别是第二种创作思想,带有自豪的、不甘人后的精神,然而需要有高度的创新能力。即使"完全"创新,还是逃脱不了在创作的时候注意到环境的因素。建筑环境的因素内部包含着建筑文化的传统因素。

城市桥梁是属于城市建筑群的一个组成,应该和其他建筑一起作统一的考虑。归纳起来,大致可以遵循如下原则:

a)桥梁形式,需要和城市建筑整体风格相协调。

历史文化名城如苏州等、或其他仍完整地保持有民族民间建筑群的城镇,如南方一些小镇,及湖南、广西的侗寨等,不论是修缮或新建桥梁,都宜与各该地区和民族的建筑风格相呼应,不使整体的协调受到破坏(图51)。

图 51   贵州侗寨风雨桥与鼓楼

大多数的中国城市,建筑风格上已不甚协调,则除了下面第C条的情况外,可以在实用、经济的前提下,采用较新和最新的结构和美丽的形式,以使城市向前进的方向发展。

b)桥梁的尺度宜与城市整体规划中建筑群高下起伏的总体布置相协调。

这是独立性和整体性、主和从的关系。城市建筑群是一曲合奏。单独的建筑,要在合奏中表现出其相互的影响,不能各自为政,在尺度上自争中心。若个个建筑都如此,则多中心变为无中心,合奏变为尖锐的喧闹声。

美国华盛顿市规定,一切建筑不得与华盛顿纪念碑争高,因此,房屋无高于此者,桥梁则是上承式。重点突出、显得甚为协调,是一座较为宁静美丽的城市。

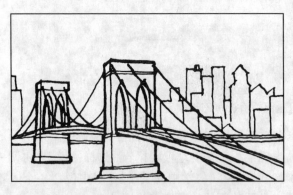

图 52   美国纽约勃洛克林桥与高楼

纽约则地狭人稠。纽约市开发组织总裁,卡尔·威斯布罗(Carl Weisbrod)说:"纽约太大,太畸形,是一个巨大的怪物。"大楼栉比鳞臻,个个高耸。桥梁亦多为高塔的悬索桥,是一座不协调的协调典型的畸形发展,繁华和喧闹的城市(图52)。

c)要根据临近建筑物的重要性、价值(包括文物,艺术价值)、久存性来考虑在风格、尺度和细节上与之协调。

这一规则的条件是邻近建筑物的重要性、价值和久存性都要比之桥梁为重要,则桥梁服从于建筑。如英国的控威铁链桥设计得和

图 53   英国控威桥与爱德华堡

爱德华城堡非常协调(图53)。

英国伦敦的滑铁卢桥,从结构趣味,装饰细节,陶立克式的造型,和其周围建筑,特别是索茂莱斯脱屋(Somerest House)十分协调。

这一条规则往往受到挑战。如澳大利亚悉尼港的歌剧院,并不考虑悉尼桥的造型,以一组富有韵律变化的壳体屋顶取胜。

武汉长江大桥与当年蛇山上的一组建筑物、钟楼、显真楼、奥略楼、张公祠等都为重要,因此,建筑服从桥的需要,全部拆去。但是,桥又得服从照顾到准备重修的江南第一名楼——黄鹤楼,所以门阙式桥亭是民族形式的,尺度也不太大,如今看来甚为协调。

d)一座河流上多座桥梁,如各桥相隔有一定距离时宜予多样化。但亦要在一定程度上的统一。

建筑师利斯·卡攀脱(Rhys Carpenter),在《希腊建筑艺术》中说:"形式以数学的精确性予以协调,然后再不规则化。"设计总要有一个总的统一的格局,然后再去进行变化。法国巴黎塞纳河上一系列的石拱和现代 P.C. 梁桥;德国杜塞夫莱茵河上一系列的斜拉桥;日本东京隅田川上的桥梁等,都是统一和变化很好的实例。

e)相邻很近或相紧靠并列的桥梁;加宽老桥、宜于基本上或完全一致。但亦可以根据新老桥的保存年限,考虑短期的不协调。

相邻很近或相并的桥梁,其所以要求基本上或完全一致的理由很简单,因为这样可使透视之下不产生视觉紊乱的感觉,以取得和谐。"同"也是协调手法的一种,此处还是重要的手法。桥本身若设计得富于韵律,则双桥并进,韵律重复且加强,步伐一致,产生和谐的效果。

意大利的阿诺桥(图54)、日本北海道白老郡桥(图55)以及江苏吴兴双林三桥(图56)都是成功的例子。双林三桥相邻不远,建于不同年代,但形式上是统一的,三桥同看、甚为悦目。

图54　意大利阿诺桥

至于相并而不统一的例子国内外都很多。国外如英国福斯悬索桥就造在老的伸臂梁桥的一边。英国的伦考一威特奈斯桥是连续桁拱,造在两座不同风格小跨的老桥中间、效果是非常刺目和不协调。国内最明显的例子如禹门口桥(图57)。该桥钢桁和悬索桥并列。桥北西岸皆山石,原设计为钢筋混凝土中承拱。照片上可见已完成的拱脚。后因搁置有年,设计换了不熟悉拱桥的工程师,造成如此不能令人满意的结果。再如苏州宝带桥,在国家重点文物保护单位的古宝带桥石拱边,建造了一座双曲拱桥。新技术胜于老技术。新桥

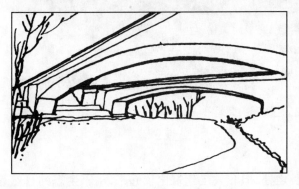

图55　日本北海道白老郡桥

气势磅礴,把历来受赞誉不绝的老桥给压了下去。结论应将新桥移地重建,以突出老桥的永久保存价值、保护老桥原有的环境,使之协调(现已把新桥拆了)。

北京颐和园后山桥(图58),右侧半圆拱是原有的一座老桥,为了汽车进出,左侧又修了一座双肋圆弧空腹钢筋混凝土拱。虽在栏杆、驳岸、桥台等的细节上考虑了和老桥相协调,遗憾的是主体的形式和尺度都不甚协调。假如以老桥居中,左右加同样的两座低肋拱,效果自又不同。或拆去属于一般性的老石拱桥,改建一座和新桥完全一致的桥梁。

图56　江苏吴兴双林三桥

武汉市的汉水公路桥—江汉桥,主孔是三跨刚性梁柔性拱钢桥,是在城市桥梁中称得上比较美丽的(图59)。由于交通急剧发展,拟予拓宽,在桥左右发展。在众多方案中却放弃以原式加宽的做法、确定用预应力混凝土箱梁(图60)。造成桥参差不齐,风格不一,材料不同的不协调的组合,掩盖了原桥的美。这和国外新西兰·奥斯克兰港桥加宽一样,得到令人遗憾的不和谐结果!

图57　山西禹门口黄河桥

5.3.3.2　协调梁和自然环境

自然界不乏美丽的环境,虽然也有不美之处,但和人工建筑比较起来,由于生态的自然趋于平衡和调节,一般地是协调而和谐的。

国内外很多长大桥梁和建造在风景区的桥,在设计方案之初,往往有桥隧之争。建造隧道的理由之一便是不破坏自然环境。

桥梁是否注定会破坏自然环境呢?看来并不如此,桥梁可以和自然环境、不论其是壮美的或幽美的,取得协调和谐。一般协调的方法不外三种,即:融合于环境之中;与环境互相渗透;突出于环境之上。这三种方法实质便是哲学中相对面的三个阶段。处理得当,这三种方法都能获得很好的效果。况且三者之间还有一定的联系。

图58　北京颐和园后山桥

图59　武汉市汉水江汉桥

贵州喀斯特地区公园中的人行桥以融岩石砌筑,和自然形成的喀斯特地形融合一致。一

第 **6** 章

桥梁美学中的普遍法则(二)

6.1 比 例

6.1.1 对比例的要求

世界需要和谐。希腊字"宇宙"一词,便包含着"和谐、数量和秩序"。

公元前571~497年的毕达哥拉斯,认为数是事物的本质。他和他的学派,第一次提出:"美是和谐与比例。"关于和谐,他们归之于杂多的统一;关于比例,就是数的关系。尽管后来于比例的涵义有所不同,比例成为美的重要法则。

罗马时代的西赛罗认为:"美在各部分与全体的比例、对称和悦目的颜色。"

柏拉图认为:"合乎比例的形式是美的。"

维脱罗威认为建筑的美在于比例。匀称是由于比例,而比例则是部分和整体的和谐。他提出美丽是一致和优美,组成部分的比例不能违反对称的原则。维脱罗威的"比例"包含着不明确的各种因素。

公元354~430年的圣·奥古斯丁(St. Augustine)重复西赛罗的意见,又说:"理智转向眼所见境,转向天和地,见出这世界中悦目的是美。在美里见到图形,在图形里见到尺度,在尺度里见出数。"所以他的比例是指数的关系。

17世纪法国建筑学教授法兰梭亚·布龙台称:"建筑上整体的美来自绝对的、简单的可以认为的数学上的比例。"

"我们从美丽的艺术品中获得满足,有赖于要看正确地保持相互关系的多少。满足感仅仅以比例为条件。假如比例被破坏了,则任何一种外加的装饰都不可能替代其美丽和惹人动心。装饰缺少真实性。

不成比例,即"还可以说它是不成型的。即使尽量用精美的装饰和华丽的材料去打扮,更令人讨厌,更令人难堪。"

"引伸这个原则,我们可以肯定地说,美受制于尺度和比例。为了引人赞美,不需要贵重材料和精致的(雕镂彩绘)工作。"

"比例,即使在杂乱的材料和粗糙的加工中仍闪耀着光彩和令人感动。"

美和丑的区别,质(自然)和饰的区别,他认为都在于比例。

阿尔倍底亦有这样的意见,看起来丑的东西,正是某些比例的适合性的问题。全体与局部,局部对整体缺少了比例。

所有谈到建筑美的法则中,没有一家不说比例。合乎比例或优美的比例 Well proportioned

图 67　桂林雄山桥方案(三)采用方案

第 **6** 章

桥梁美学中的普遍法则(二)

6.1 比　例

6.1.1　对比例的要求

世界需要和谐。希腊字"宇宙"一词,便包含着"和谐、数量和秩序"。

公元前 571~497 年的毕达哥拉斯,认为数是事物的本质。他和他的学派,第一次提出:"美是和谐与比例。"关于和谐,他们归之于杂多的统一;关于比例,就是数的关系。尽管后来于比例的涵义有所不同,比例成为美的重要法则。

罗马时代的西赛罗认为:"美在各部分与全体的比例、对称和悦目的颜色。"

柏拉图认为:"合乎比例的形式是美的。"

维脱罗威认为建筑的美在于比例。匀称是由于比例,而比例则是部分和整体的和谐。他提出美丽是一致和优美,组成部分的比例不能违反对称的原则。维脱罗威的"比例"包含着不明确的各种因素。

公元 354~430 年的圣·奥古斯丁(St. Augustine)重复西赛罗的意见,又说:"理智转向眼所见境,转向天和地,见出这世界中悦目的是美。在美里见到图形,在图形里见到尺度,在尺度里见出数。"所以他的比例是指数的关系。

17 世纪法国建筑学教授法兰梭亚·布龙台称:"建筑上整体的美来自绝对的、简单的可以认为的数学上的比例。"

"我们从美丽的艺术品中获得满足,有赖于要看正确地保持相互关系的多少。满足感仅仅以比例为条件。假如比例被破坏了,则任何一种外加的装饰都不可能替代其美丽和惹人动心。装饰缺少真实性。

不成比例,即"还可以说它是不成型的。即使尽量用精美的装饰和华丽的材料去打扮,更令人讨厌,更令人难堪。"

"引伸这个原则,我们可以肯定地说,美受制于尺度和比例。为了引人赞美,不需要贵重材料和精致的(雕镂彩绘)工作。"

"比例,即使在杂乱的材料和粗糙的加工中仍闪耀着光彩和令人感动。"

美和丑的区别,质(自然)和饰的区别,他认为都在于比例。

阿尔倍底亦有这样的意见,看起来丑的东西,正是某些比例的适合性的问题。全体与局部,局部对整体缺少了比例。

所有谈到建筑美的法则中,没有一家不说比例。合乎比例或优美的比例 Well proportioned

成为美的根本法则。

泰尔博·哈姆林(Talbot Hamlin)于其 1952 年出版的《廿世纪建筑形式和功能》第二卷《组合原则》中提到"比例"。他觉得:"几乎所有的建筑评论家都一致承认'比例'在建筑艺术中的重要性。可是,要他们具体讲'优美的比例'是如何构成的这个问题时,这种明显的一致性就烟消云散了。"

建筑艺术对它的要求是一致而明确的,然而对它的含义却是含糊的。

演变到今天,比例的内涵已和古代大不相同,到底什么是今天认为比较正确的比例的含义?中国美学中原先没有"比例"一词,什么是中国美学中的"比例"的法则,这些都是本章企图予以澄清的事。

6.1.2　数的比例

6.1.2.1　完全比例与音乐比例

比例的创始者毕达哥拉斯研究宇宙中数的关系。他们涉猎面广,其中提出了算术平均数,几何平均数,调和平等数等概念。用公式来表达:

·算术平均数 $M = 1/2(A+B)$,A 和 B 分别为任意数值。

·几何平均数 $G = \sqrt{A \times B}$

·调和平均数 $H = \dfrac{1}{\dfrac{1}{2}\left(\dfrac{1}{A}+\dfrac{1}{B}\right)} = \dfrac{2AB}{A+B}$

调和平均数是两倒数的算术平均数的倒数。

·$M.G.$ 和 H 间的关系

$$G = \sqrt{M \times H} = \sqrt{\frac{1}{2} \times (A+B) \times \frac{2AB}{A+B}} = \sqrt{AB}$$

所以 $M:G = G:H$

这一比例毕达哥拉斯称之为完全比例。

而 $A:M = H:B$

称之为音乐比例。

6.1.2.2　比率、黄金比

在一般的概念中,特别是工程技术人员间,一个数和另一个数的比值称为比例。例如:"门窗的高宽比,拱桥的拱矢比,梁桥的跨高比等。根据威勃斯脱大字典"比例"条解释之一:"各部分或事物之间在尺寸、量、质地等相比较的关系等,同比率";"比率"条解释之一为:"(即)比例:如我们班上男女生之比为 3 比 2。"可见比例和比率之间允许和存在着通用的解释。然而,在建筑美学中,这样的通用便是引起混乱的根源。至少现在可以说比率的内涵小于比例。毕达哥拉斯学派的比例公式,说明比例是比率的相等。17 世纪建筑学教授法兰梭亚·布龙台(Blondel Francois)把比率称之为比例的基数比。他认为基数比需是整数才能获得美,至于为什么如此,他没有充足的理由。至少,在美学领域里,现在需要严格地区分比率和比例。

毕达哥拉斯学派之一,公元前五世纪的希腊雕塑家波鲁克雷托斯从人体尺寸的研究中,首先提出了黄金分割率(或称黄金比)。这一黄金比,为德国美学家蔡辛(1810~1876)在《美学研究》中大力发挥。

黄金分割率便是基于毕达哥拉斯的完全比例公式 $M:G = G:H$

若加一条件:调和平均数 H 是算术及几何平均数的和,得 $M:G = G:M + G$ 一般写作 $b:a = a:a + b$

解之得 $a = \dfrac{1+\sqrt{5}}{2}b = 1.618b$

于是可写出黄金分割率的级数。

$0.618, 1, 1.618, 2.618, 4.236, 6.854\cdots\cdots$

在此级数中,后一数为前两数的和;任意连续三数的比率关系都相等,为黄金分割率 0.618。

中世纪意大利的费博纳西(Reihe Von Fibonacci,约 1170~1250)引导出一个整数级数。

$1, 2, 3, 5, 8, 13, 21, 34\cdots\cdots$

后一数亦为前两数的和;任意连续三数的比率关系并不相等,为:

$0.5, 0.667, 0.6, 0.625, 0.615, 0.619, 0.618, 0.618\cdots\cdots$

差别越来越小,收敛到第七个比率后都是 0.618 即收敛成黄金比。

文艺复兴时代的帕乔里(1445~1514)写了《神妙的比例》一书,和达·芬奇一起,醉心于比例的法则、鼓吹这一比值在美学中的作用。再加上 18 世纪蔡辛《美学研究》等一系列著作,把黄金比推向高潮。

从几何图形中亦可取得黄金比。

以 1:1 的正方形作外切半圆,则圆的半径为 1.118034,直径上诸点 A、B、C、D,其线段的关系 $AB = 0.618$

$$AB:BC = BC:CA$$

即 $0.618:1 = 1:1.618$

同样,其面积 $X, Y, Z, X:Y = Y:X + Y$

$$Z:Y = Y:Z + Y$$

边长之比成黄金比率的长方形称为黄金面积。

美国人汉毕其(Jay Hambidge)从希腊建筑的设计中发现其内部规律,他称之为动力对称 Dynamic Symmertry。这里的对称和维脱罗威的解释相类似,即"形式的组成部分或自然物的有机部分与整体的关系。"动力是相对于静力而言,实际是变动的意思。汉毕琪和他的支持者亦从图解中找比率关系。

他们发现,五角形的组成中有黄金比关系(图 69)。

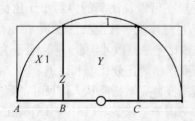

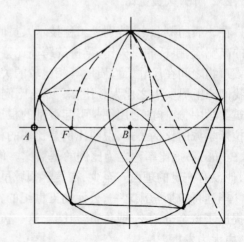

图 68   黄金分割   图 69   五边形——$AF:FB = FB:AB$

黄金比长方形可以分割为一个正方形和一个小的也是黄金比的长方形,如此不断地分割下去,然后联结其角点,得到一根对数螺旋线 Logarithmic Spiral——一根美丽的常用作装饰图案的曲线。所以汉毕琪称黄金比长方形为"涡卷正方形的长方形"(图70)。

他又以正方形为基础,用它的$\sqrt{2}$对角线作长边,得一长方形。再以此长方形的对角线为长边,得另一长方形。如此类推,得短边为1,长边为$\sqrt{2}$,$\sqrt{3}$,$\sqrt{4}$,$\sqrt{5}$,$\sqrt{6}$…系列的长方形。其中以$\sqrt{5}$长方形可得黄金比的分割(图71)。图68所示的总长方形便是$\sqrt{5}$长方形。

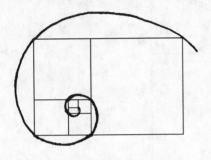

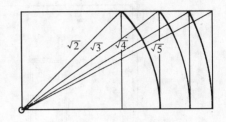

图70 涡卷正方形的长方形　　　　　图71 对角线长方形

诸如此类,还有许多数学上和几何图形的分析,得出数学游戏式的结论。其中很多对于设计没有用处。

6.1.2.3 指示线·模度

毕达哥拉斯的完全比例公式 $M:G = G:H$,演变为黄金比的公式 $b:a = a:a+b$。公式也可读作局部比局部等于局部比整体。

维脱罗威曾说明建筑的六个要素,其中的 Eurhythmy(现译为舞律)为局部和局部之间尺寸上的和谐;Symmetry(现译对称)为局部和整体之间尺寸上的和谐,两者合起来,构成今天称为比例。已作为威氏大辞典中关于比例的另一条解释。

比率是两数的比值,比例是比率的相等。不如说:"比例是同一比率在整体中的重复。"而"黄金比例是黄金比率(0.618)在整体中的重复。"这两条杜撰的定义将在以下不断予以完善。

长宽之间尺寸上的同一比率,便是那倾度不变的对角线与一边的固定的夹角的正切。此对角线在建筑上称为指示线。在设计过程中,用以确定布局和各部分的尺寸。指示线亦可以鉴定分析已完成设计的合不合乎比例。

图72为法国名建筑师勒·考布西叶(Le Corbusier)用指示线设计的房屋立面。同此理,苏联建筑师尼古拉耶夫(M.C.Hukoʌaeb)用以鉴定桥梁。

指示线的夹角正切可以为 0.618,可是完全比例并不限制一种比率。用任意二个 A,B 数,得其 M. G. 和 H 值,求得的比率各不相同。

美的相对性中告诉我们,永远采用同一的比率,即使是黄金比,也会令人厌倦,是美亦可变为不美。

建筑师杜克(Villet Le Duc)用等边三角形和45度角的三角形作为中世纪建筑的设计基础。1976年约翰·克娄盖尔(John Klöcker)用边长为$1:\sqrt{3}$($\sqrt{3}$长方形)比率作格子比例图案取得成功和专利。

可见,所谓"黄金比"不过是一个时代、一个学派,而并不是独冠群芳唯一的美。"黄金"不过是媚俗的称呼。不仅牡丹是美的,春兰秋菊,燕瘦环肥,比率不一,比例变化不同,都同样是美的。静止的比例已各不相同,动态的比更是千变万化。谢灵运《江妃赋》道:"姿非定容,服无

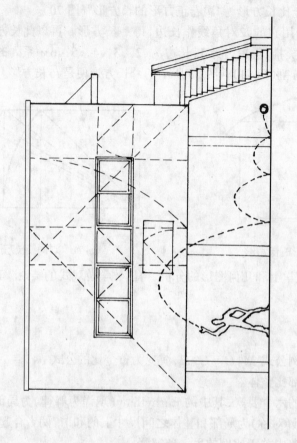

建筑师阿姆斯用指示线设计画室

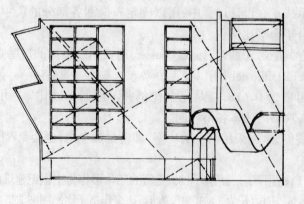

考古西叶奥占芳工作室

图 72 用指示线设计建筑

常度,两宜欢嘅,俱适华素。"约翰·罗斯金也说:"比例是无穷的。"

在近代建筑中,以某种几何平面或立体的形状,如等边三角形、长方形、六角形、八角形、圆形等作为模度单元,变化排列组合成一个整体建筑。使单一的两个数值比率成为比较复杂的组合。考布西埃称之为"模度"。模度的内涵应包括简单的指示线。

比例便是一定的模度在整体中的重复。

6.1.3　广义的比例

6.1.3.1　广义的比率

莱翁哈特说:"我们首先对物体的比例有所反应,即宽长比、高宽比、或这些尺寸和其在空间的深度的比例。物体可以有连续的或关节式的相联的面。光照之后增强光和影的相互作用,它们的比例也很重要。"

"比例不仅存在于几何长度之间,也存在于音乐和色彩频率之间。"

中世纪的达·芬奇早就归纳过;"比例,不单是在数字和计算中存在,同时也存在于声音、重量、时间、位置和其他任何(表现)能力之中。"

西方建筑艺术家已把比例中的基数比—比率从仅仅是长宽比中解放出来。进一步加上立体的深度,各部分重量的分配,光和影在建筑物所占的比率,光的亮度,色彩的变化(表现为频率等),再加上时间进程中的变化,使比例笼罩于整个时空之中。

虽然达·芬奇说:"其他任何(表现)能力"从字面上囊括一切,一切都可成比例。到底还是没有说清楚"一切"是什么。

西方认为音乐和建筑有密切的联系。

中国美学则认为一切听觉艺术和视觉艺术之间有着密切的联系。

听觉艺术从天籁、地籁、和人类劳动生活中发掘出歌咏、音乐。视觉艺术从气象山川、动植飞潜的形象的动静变化中模创出舞蹈、图画和书法等。

中国美学中对音乐的表现要求在声音的:清浊、短长、疾徐、哀乐、刚柔、迟速、高下、出入、周疏等方面有所调剂。

歌唱戏曲艺术中除配合音乐的要求外,随之请求抑扬、顿挫、婉直、吞吐等之间予以和协。

舞蹈艺术,随着音乐屈伸、俯仰、左旋右转、缀兆、舒敛,为一系列强弱、来回的动作变化。

中国的书、画艺术,由于所用的主要工具毛笔可以伸屈、锐钝、大小、粗细等变化;墨色可以浓淡、干湿、枯涩、浮沈等调剂;所以能使书法有:婉劲、通节、短长、肥瘦、争让、向背、曲直、疏密、断续、起结、动静、详简等区别。而绘画中画面结构产生远近、疏密、聚散、隐现、虚实、开合、藏露、出没等各种技巧。

文学艺术中文体的:雅俗、繁约、壮靡、奥显;文理的:典华、清浊、刚柔、奇正、强弱、虚实。

建筑艺术中请求:刚柔、虚实、阴阳、向背、开合、起伏等格局。

中国的书画艺术本相通。书法原是由具体变为抽象的画。宋·郭熙《林泉高致集》论触类旁通说:"……此怀素闻嘉陵江水声而草圣益佳,张颠见公孙大娘舞剑器而笔势益俊者也。"草书和天籁、舞蹈艺术相通。清·刘熙载《艺概》引有评张伯英草书。"如班输构堂,不可增减"是"比难知也"。其实也便是书画艺术和建筑艺术亦有相通之处。

中国美学讲究的便是艺术事物的理——相对面。短长、高低、大小、深浅尺寸上数的比率,不过是最简单、浅显的形式上的相对面。所以,广义言之,比例是讲求艺术领域中诸相对面的关系。广义的比率是相对面之间程度上的比较。

图73　湖南张家界石拱桥

有关体、量等某些相对面可以用数来确定。但其他相对面则难以用正确的数作为美的标准。中国美学中,即使形容美人的身材,亦只提"增之一分则太长,减之一分则太短。"(宋玉《登徒子好色赋》)或"秾纤得衷,修短合度。"(曹植《洛神赋》)不能说得十分具体,否则反成笑柄。

英国美学家博克(Edmund Burke,1729~1797)他反对美在比例、特别反对以数来表达。他说:"像一切关于秩序的观念一样,比例几乎完全只涉及便利,所以应该看作理解力的产品,而不是影响感觉和想像的首要原因……比例是相对数量的测量……但美当然不是属于测量的观念,它和计算和几何学都毫不相干。"

他认为比例是便于理解产品的形象。影响感觉和想像的主要原因是内容。

比例只是相对数,美的观念是一种程度上的观念,靠精确数是表达不出的。

现在西方的美学家,因为计算机已可以应用于画静或动态的透视图,便想完全以数学的方法创作美的建筑或桥梁,看来离成功的目的还太远。

6.1.3.2　广义的重复

数的比例在实际应用中亦可是同一比率的重复,亦可以是一种以上比率的重复,甚至是多种比率的重复。

美学家或建筑师在分析人体的比例时,往往只从合乎其比率重复的地方标示出尺寸关系。不符合此值数比率处就不提起。特别是人的面部,即最富有特征的地方,却难找出在对称以外同一比率的重复。

桥梁建筑也是如此,不可能用一根指示线去分析任何一座整体的桥,除非只是求同而存异。如中国清代官式石拱桥,桥跨不等,但拱矢比是同一的。其拱跨之比,13,15,17,19,21 成等差级数。其相临孔之间的比率不同,但亦近似于等差级数。

图 72 左所示勒·考布西叶精心地用狭义比例法则,以指示线重复所设计的建筑立面,其指示线的方向变化,向背关系,缺乏规律性。似乎是随心所欲,看起来并不美。

一座美丽的拱桥(图 73),单孔圆弧空腹拱,其拱上柱间距相等,若说因合乎比例所以美,却找不到同一比率的重复,画不出指示线。可是拱上柱的高矮,拱卷的曲率都循照一定的规律在变化。

假如认为,比例必须是指一个或一个以上比率在整体中的重复,即使是像螺旋线一样变化着的重复,那么,有很多美丽的艺术品和桥梁不能说是由于合乎比例。它之所以美服从了另外的美学法则,主要为韵律。

6.2　对　　称

6.2.1　什么是对称

我们已经给出了比例狭义和广义的定义。定义和一般介绍有所区别,可没越出维脱罗威"比例是不同组成部分和整体的和谐。"只是额外说明了构成比率的内涵和比例所要求和谐的方法。

维脱罗威又说:"对称是比例的结果。"他之所谓对称和今天的含义不同。比例和对称有密切关联,这是事实。

日常对对称理解为好的比例或好的平衡。

　　中国已故美学家朱光潜说："美的形体无论如何复杂,大概含有一个基本原则,就是平衡和匀称。"匀是均匀,称是对称。

　　看来首先需要的仍是弄清什么是对称。

　　威伯斯脱大字典解释对称是:

　　"形式或安排在一根分割线或一分割面两边的相似性。

　　不管是整体或所包含的局部,其相对部分在尺寸、形状和位置的对应性。

　　由于这样的对应性产生了卓越的形式美或美的比例。"

　　狭义的比例定义要求同一比率在整体中的重复。这便是各部相似性。对称便是相似性在分割线或分割面两边对应性。

　　不论狭义或广义的比例,即以单一或多数的相对面在整体中作重复或有规则的变化;对称就是有规则的序列,行之有效可获得美的一种手法。

　　海尔门·威尔(Hermann Weyl)在1982年出版的《对称》一书,企图用数学哲学以阐明对称的意义。既然对称是相对于分割线或分割面的对应性,他联系到对称牵涉"左、右"问题,左和右是相对面。并列用莱布尼兹的结论"左和右是难以区别的"。问题已经触及到相对面。文章继续从数学方向企图去列出普遍表达公式,对哲学可称浅涉即止。

　　近代科学对宏观世界和微观世界作深入的观察,大到宇宙天体,动植物的生态构造,小到细胞的生长和结晶的形成,无处不存在着对称,并且对称有多种形式。进一步探索对称成因的秘密。这一点尚未达到目的,并且和美学的目的相去较远。

　　中国美学还是基于中国哲学由相对面的普遍存在探讨对称在美学中的作用。

　　中国文学艺术讲究对偶。

　　刘勰写道:"天地给予的形状,支体各部都成双成对;神妙的'道'在'理'中运行时,事物都不是独立孤行的;于是意识心思产生的文理辞藻,是在诸多思虑的运用裁度中,和造化相配合,自然就有对偶的文章。"("造化赋形,支体必双,神理为用,事不孤立。夫心生文辞,运裁百虑,高下相须,自然成对。"《文心雕龙·丽辞》)

　　丽通俪即对偶。对称既包括有相"同"的因素,亦包括有相"对立"面间关系的因素。人和绝大多数动物都存在着对称轴。在运动过程中,相同的对称部位作相对立的变化,如一上一下,一前一后,一左一右,一伸一屈等,这便是对称的妙趣和妙用。从下述各种对称的形式,可得较深入的理解。

6.2.2　对称的种类

　　自然界和艺术领域里存在着各种不同的对称方式,它们分别镜面对称、平移对称、旋转对称、结晶对称、体量对称、完全对称、不完全对称、和其中几种的组合。

　　镜面对称是对称定义最早的含义,其他种对称是逐步扩展所包罗进去的。

6.2.2.1　镜面对称

　　镜面对称又称映射对称,或左右对称。

　　自然界波平如镜的河、湖水面,倒映出临岸的风景最为美丽动人。其对称为"上下"相对面的关系。人以鉴(镜)照面,纤毫必似,其对称是"里外"相对面的关系。两者都由映射所产生,所以称映射对称。

　　中国人特别爱圆月和其倒影。"涓涓流水细侵阶,凿个池儿招个月儿来。画栋频摇动、菏

主道在互通时两方向转向交通流的方式不一致。横道左右转弯均右出,而近处纵道左转弯左出,右转弯右出(图89)。

图80　达芬奇(1452~1519)绘蒙娜丽莎(计算机绘图)

十字交叉的道路立交又要求互通以增加客流量,又要求建筑物层次不多(最好二层),在中国还须解决人行和非机动车的通过。作者曾根据某城市地形设计一全互通立交,是四轴旋转对称。左转弯左出,右转右出,和习惯驾驶方法诸方向全部一致。人行和非机动车道置于地面,在热闹的城市交叉处、桥下尚可设置市场、增加房地产的应用和增加城市建设收入(图90、图91)。

现今高桥、匝道往往采用螺旋形式,其平面布置或为镜面对称,或为旋转对称都可以是美丽的。但何者为更多?

日本大阪于本松桥(图92)两岸匝道成镜面对称若与德国杜塞尔多夫人行天桥(图93)匝道作旋转对称。

澳大利亚珀斯·哈特街人行桥(图 94)匝道亦作镜面对称。亦试改绘成旋转对称。

匝道布置如千本松桥者,以河中线为对称轴,桥左右对称。以桥轴线为对称轴,则匝道成抱的姿势,不对称亦不平衡。匝道布置如哈特街人行桥者,虽对桥中线 X 轴因直线段匝道伸出于桥的另一侧,可起平衡作用。是不是都不若旋转对称,一正一反,富于相对面的哲理(图 95)。

图 81   水仙花瓣——(六出花瓣)

图 82   六出雪花

2.2.2.4   结晶对称

结晶对称又称装饰对称。

结晶对称来自自然界晶体的构造。结晶对称是平面基本单元图形在平面里 X、Y 两轴方向作移动重复;或立体基本单元形象在 X、Y、Z、三轴方向作移动重合。前者多用于装饰图案,后者在房屋建筑中不时应用。

　　房屋建筑中立体模度组合建筑单元,平板或球形网架结构,大面积多支点悬吊帐篷式结构等都可归入具有结晶对称模式。

图 83　成簇六出君子兰——(作者培植)

图 84　农民画图案——边饰交错旋转对称

图 85　广东江门非机动车人行桥方案（作者）

　　曾有个别桥梁采用平板式钢网架,结合钢筋混凝土桥面板的构造(图96)和科威特建成的立体预应力桁架桥—巴比扬桥(图97)都是实例。结晶对称构尚有待于在技术上和艺术上不断地发展。

图86　上海三支形人行立交桥(一)

图87　上海三支形人行立交桥(二)

6.2.2.5 体量对称

体量对称亦即平衡。

不以图形尺寸为基本单元,而以体积重量为基本单元对某根轴的对称形式称为体量对称;也像称杆一样左右重量相等不计其形状的平衡。

图 88 天津八里台苜蓿叶立交桥

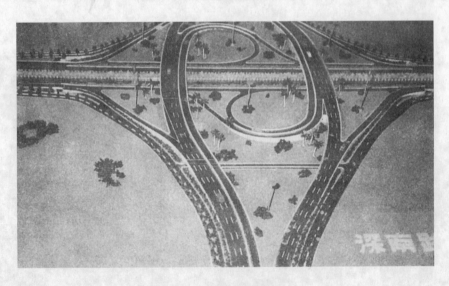

图 89 广东深圳皇岗立交桥

体量对称中的体和量是抽象的,不需要具体精确地测定。当然也不能是相差悬殊,违背了定义的原则。

体量对称来自地球上超过离心力的地心吸力,即重力。一切物体由于重力才能附着于地球,并由于体量对称始能平衡地直立于地球。左右对称,平移对称,旋转对称和结晶对称在体量上是对称和平衡的。所以对称和平衡密切相关。

看起来似乎不规则的植物,都具有自我平衡的生长趋势。当树干受外界影响而倾斜的时候,树上枝叶,便会不时调整从相反方向生长以使平衡,加上日照方向的影响,产生各种姿态的造型。

休谟说:"绘画里有一条顶合理的规则:使人物保持平衡。极精确地把它们放在各自持有的引力中心上。一个摆得不是恰好平衡的形体是不美的,因为它引起要跌倒、受伤、和痛苦之类的观念。这些观念,由于同情的影响,达到某种程度地生动和鲜明,就会引起痛感。"

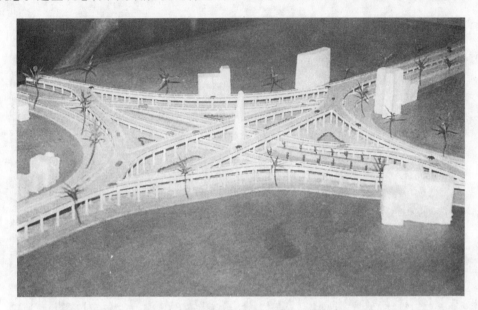

图90　双层全互通立交布置(一)(作者)

图91　双层全互通立交布置(二)(作者)

叶浅予绘《白蛇传》断桥速写,表现的是锣鼓点歇静止的一瞬间,便是戏剧中认为是美的一组组合,让观众重点地多欣赏一会的时候。诸人物造型,手势或旋转对称,或体量对称。眼神或左顾或右盼,无不是平移对称。三人各自平衡,他们原来镜面对称的形体和服饰,已变成高下、起伏、前后、左右、各种对称和平衡的集合(图98)。

各种艺术重点表现不同的平衡状态。

建筑和桥梁艺术中表现静力,稳定的平衡,以取得安定、恬静的美。

杂技,某些舞蹈和体育表现艺术,取动力,不稳定平衡的美,使惊叹、钦佩,从转险为安以取得乐趣,欣赏其动态的美。

图 92　日本大坂千本松桥

绝大部分桥梁因是镜面对称,所以也是平衡的。不对称而又体量平衡的桥,如诸独塔单孔大跨斜拉桥,以后斜拉索拉住大体量的锚块或分散拉住多孔小孔以平衡大孔。其内容和形式上都是体量对称,即平衡。

近来建造的广东省江门市一人行桥(图 99),两端梯道形式不同,一侧为八字弦梯,另一侧为转梯,形式不对称可体量对称。

日本藤泽市人行和非机动车立交桥(图 100)一端为折道,另一端为螺旋匝道,形式上亦不对称而体量对称。

体量对称,也打破了形式绝对对称的呆板性,造型比较灵活。

6.2.3　对称的完整性

即使在自然界,绝对严格对称里也存在着不完整性。因此,艺术领域中的对称,有些场合要求绝对严格,有时采用些形式和细节变化的手法,使过份严肃的对

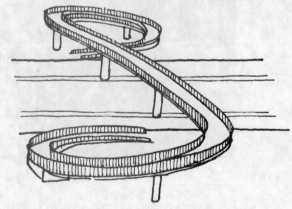

图 93　德国杜塞多夫人行天桥

称、缓和、松弛、活泼起来,增加些趣味。这也可称作不完全对称。

倒过来说,即使完全不对称的构造,也要能看出是何种不正规的力量造成其应该是对称而所

以不对称的原因。前举自然界中植物生长的不规则性、或由于风力,或由于着根在绝壁之上,或由于受其他植物的遮荫,或由于落石压抑,或由于人工造型,改变了其本可生长成对称的形状。

桥梁建筑亦有很多例子。

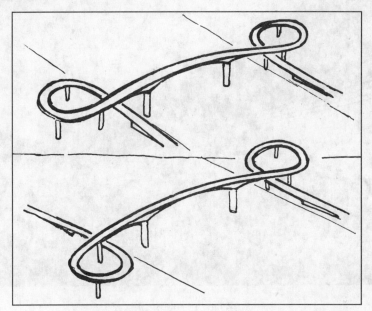

图 94 澳大利亚珀斯、哈特街人行桥
上:现况 下:旋转对称

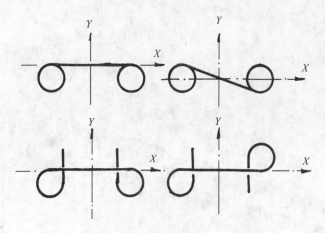

图 95 螺旋匝道平面布置
左:镜面对称
右:旋转对称

四川平武涪江上一悬索桥和西藏拉孜悬索桥,都是一端可利用山峦作桥塔和锚锭,一端则专设桥塔和锚墩,形成不对称构造。

香港青马大桥为公铁两用悬索桥,马湾岛一侧可设边孔,青衣岛一侧因公铁分道,并和青衣到新界的 3 号公路立交,所以没有边孔,桥亦是不对称结构。

不完全对称和不对称,只要有充分的理由,并且在不对称中尽量使可对称处予以对称。一方面便于设计计算,绘图制造,同时也利于群众理解。并且也未始不可得到美的布置,解决板和活,婉和直、智和拙等相对面之间的关系。

图 96 立体钢架梁桥

图 97 立体预应力混凝土桁架桥

达高勃脱·弗里(Dagobert Frey)在他的《艺术中的对称问题》一书中写道:"对称表示安定和聚结;不对称表示运动和松弛。前者是秩序和法则,后者是任意和偶然。前者是正规的坚定性和约束性,后者是生活、活泼和自由。"

图 98　叶浅予速写"白蛇传·断桥"(摹本)

图 99　广东江门人行立交桥

图 100　日本藤泽市人行和非机动车立交桥

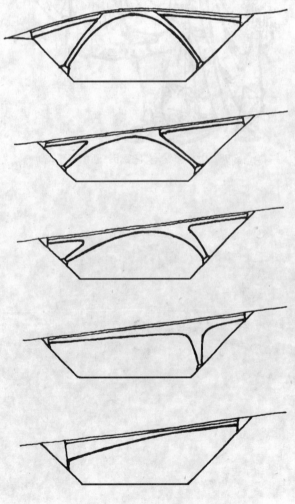

图 101　单向坡跨线桥方案布置

从唯物辩证法我们知道,任意和偶然也存在着约束和必然在内,只是这些潜在的理由有时难以说清楚。譬如很多西方的立交桥设计、造型很不规则,也未必能找出其美。只是当地当时的交通情况所选择而定。

在桥梁建筑中常会遇到不规则地跨越河道、复杂的立交等难以处理的课题。举一个简单的实例,即一单向坡道立交跨越于另一道路,两者之间不需要互通。图 101 为若干解决的方案,从改变线路纵坡以取得对称的桥梁方案起、或在不对称之中取得对称、至完全任其不对称的处理,后者设法保持其动的趋势。

可以看出,遵守对称的法则是容易的,要在不规则中求规则,任意中不任意,偶然中求必然,取得美的效果,美学的掌握程度和手段的高明与否,便表现在此。

6.3 韵　律

印度艺术泰斗泰戈尔为中国艺术大师徐悲鸿,1940 年在印度的画展写的序言是:"美的语言是人类共同的语言,而其音调毕竟是多种多样的。中国艺术大师徐悲鸿在有韵律的线条和色彩中,为我们提供一个在记忆中已消失的远古的景象,而无损于他自己经验里所具有的地方色彩和独特风格……。"

韵或韵律是艺术的核心,是中国和外国无论何种艺术相通的关键,是美的共同语言,是创作和感受的焦点。

"韵"的一辞起于音乐诗歌。另一方面也表达为人的风度,推而广之到整个艺术领域,所以还得从音乐说起。

6.3.1　音乐、歌舞中的韵

《乐记·乐象》解释说:"'乐'是动了心产生的情感,声音是'乐'的象征,文采和节奏是声音的装饰。聪明正直的人,动了感情,对音乐形象产生兴趣,然后讲究音乐的文采和节奏。"("乐者,心之动也;声者,乐之象也;文采节奏,声之饰也。君子动其本,乐其象,然后治其饰。"《乐记·乐象》)

音乐的本源在于外界事物对人心起到感情上的行动。譬如唱歌(近世称声乐):"就是因为喜欢了一桩事物,想夸说它;单说不够,长篇地加强语气地说;还不够,赞叹歌咏地说;这还不够,于是手舞足蹈,歌舞起来了。"("故歌之为言也,长言之也。悦之故言之;言之不足,故长言之;长言之不足,故嗟叹之;嗟叹之不足,故不知手之舞之足之蹈之也。"《乐记·师乙》)

6.3.1.1　节　奏

音乐舞蹈都相合拍,产生节奏。节奏是什么?"节奏便是随着音乐的落起而进退相应的动作。"("节奏·阕作进止所应也。"《乐记》)

人和动物毕生,肺在不断地呼吸,心在不断地跳动,并且有一定的时间节拍。当人们心平气和的时候,一切正常。当人们受到悲喜感动时,悲则呼吸不畅,心跳不适;喜则心跳的节奏加快,呼吸急促;当极度高兴或激奋而怒的时候,两者的节奏激烈地加速,表现出情绪上的激动。中医学上称:"喜伤心,哀伤肺。"便和节奏有密切的关系。

人和动物,不论飞、走、潜、游、用翼、足、鳍或鳞节蜿蜒,其前进的动作总是合着节拍一前一后,一左一右,作规律性的运动。所以达尔文说:"纵使并非喜欢节奏和韵律的有音乐性,但至少认识这些能力,在一切动物却分明是天禀的。而且为他们神经系统的,一般生理学的性质所规定,也是无可疑义的。"

最简单的节奏是一个较长音或较重音和一个较短音或较轻音的组合,是紧张和缓和、增长和下降、流动和暂停的交替。也已经是几种相对面在时间上移动重复,或时间上的平移对称。

节奏由单一的短长音发展为三拍子(圆舞步)四拍子(探戈步)和更复杂的一系列的变化,节奏本身已带有一定的旋律。然而仍是短旋律随时间移动重复,或平移对称。

可见对称中的平移规律不过是空间形式的简单变化,正和节奏是时间形式的简单变化一样。

6.3.1.2　旋　　律

音乐中节奏之外主要讲求旋律。

法国音乐家卢梭(Jean Jacques Rousseau,1712~1778)谈到旋律,他说:"旋律不仅摹拟,它还'说话'。它的语言是非分节语,但是是活的,热烈的,激情的语言……旋律不仅作为声音,而且还作为我们的感受和感情的符号影响着我们。"

旋律是配合着感情的音乐语言。

玛采尔(L.Mazel)在《论旋律》中道:"旋律是音乐形象的本质……是以音乐音调连贯进行为基础。"

克列姆略夫于《音乐美学问题概论》中认为:"旋律是感性因素和逻辑因素的组合。"意思也即音乐,是我们听得见的几种音阶的声音,随着感情发展,和乐曲组合的逻辑规律和过程组合起来产生旋律。

音乐逻辑传达了乐音的强弱等不同相对面因素的对比、转换、反复等各种变化序列。这一变化较之简单的节奏要复杂得多。美的旋律使人余音绕梁,三日不绝、韵味无穷。美的旋律便是韵律。

旋律可以没有节奏,但一首乐曲在旋律之外加上节奏以增强其节拍感和音乐效果。可是只有简单的节奏而没有旋律便不是乐曲,也表达不出韵味。

音乐的韵律既然是表达感情的,所以便是体现出自然界和人类生活中阴晴、寒暑;荣枯、险易;兴亡、治乱;离合,悲欢等各种相对面之间对比、转换和反复的经历。

歌唱和戏曲是语言的音乐化。歌唱中有美声等唱法。戏曲中有婉转动人的唱腔、都配有丰富多变、细致入微的曲调、衍声。世界各民族的语言组合和音调不同,因此各国歌、曲的韵味便不一样。

博大精深的中国戏曲,如昆、京等剧种,我们可以区别出,一般是全曲有韵,进一步句句有韵,而某些扣住了感情、感人肺腑、富有韵律的流派唱腔,几乎字字有韵。联系着精彩的音乐锣鼓,一板三眼的节奏,再加上富有韵律变化的舞蹈化的动作,集音乐、歌唱、韵白、舞蹈于一身,是有严格程式规律的自由化表现艺术。扣住了感情的旋律变化为韵律。不结合感情徒作复杂的变化称之为耍花腔。有没有韵味、热爱戏剧的中国老百姓都能予以区别。

韵在音和声乐中占最重要的地位。

6.3.1.3　曲　　调

旋律的形象或进行方式称之为旋律型或旋律线。旋律线主要是音高的升高和降低,或高低、抑扬、顿挫、清浊、疾徐、刚柔等相对面所组成的一定的轮廓。当然富有韵味的旋律线是无穷的和不断地在创新。

一个或一个以上旋律(其中之一听为主旋律)配以一定的和声节奏组合成的乐曲是为曲调。不同的曲调适合于表达不同的感情。同一曲调,在调式和节奏快慢的变化情况下,可以表达更细致的感情。如京剧中二簧,西皮是两种曲调,其基调称为原板,其变调为慢、散、摇、快板,分别使用于不同感情之处。

曲调中旋律的进行总是连续的,但可以是流畅的,级进的或跳跃式的。旋律在曲调中可以进行准确的重复、变化的重复、模进的重复和变形重复等产生旋律的波浪。

这些音乐上用以构成有韵味的旋律的手法在桥梁美学中都可以并自己有所应用。

6.3.2　书画　文艺中的韵

6.3.2.1　气　　韵

南齐画家谢赫在《画品》中提出画有六法。唐·张彦远《历代名画记》记《昔谢赫云:画有六法,一曰气韵生动……。"近人严可均收入《全齐文》时把《画品》文作:"六法者何。一气韵。生动是也……。"钱锺书教授认为后者为准。

中国哲学中有理和气的学说,气、神、形的区分。对气的解释各不相同,有些近于玄虚,总之,气分阴阳,有虚空而活动着的元气,及聚凝生存着的生气。

韵的解释是风度。所赞赏的风度为自然、飘逸、高雅等,乃一个人的道德和艺术修养水平表现在举止、言谈、装束等静的和动的形态上的总和。

关于生动,明·唐志契说:"生者生生不穷,深远难尽。动者动而不板,活泼迎人。"

所以,"气韵生动"的解释是尽人物要求在静止的画面上能表达出其生气和风度。生动得好像活的一样。

"气韵,生动是也。"的解释是气韵就是生动。

钱教授说:"'形'即'体','神'即'韵',犹言状貌和风度。'气韵'、'神韵'即韵之足文申义……(谢)赫推(广)到画中的人貌以至物象,犹恐读者不解,从而说明白'生动'是也。"

意思就是原本气韵,神韵是专门指人的,谢赫六法,已由人而推到物,如山水,草木等本也没有什么风度,因此把气韵的内涵缩小到生动,同时把气韵的外延,拟人化地扩展到一切事物。钱说是:"以无生作有生看,以非人作人看。"

敏译著《中国美学思想史》,李泽厚著《中国美学史》等引证历代各家称谓,除了气韵,风韵,神韵之外,还有:天、道、玄、素、思、性、情、体、高、雅、清、远、逸韵等区别。即韵有不同的性格或风格。不管属于那一种风格,称得上韵便有风度、有美。至于说"气韵殊下"便是够不上或没有风度;"气韵标达"就是够得上或十分有风度。

6.3.2.2　高　　韵

《艺概·书概》论书法认为;"……高韵深情、坚质浩气,缺一不可以为书"。书法讲求高标准的韵,够不上韵的有:"妇气、兵气、村气、市气、匠气、腐气、伧气……"等,虽有气而无韵。他又说:"书如其人。"颜真卿书法正气凛然,清·苏州状元陆润庠字"一团和气。"(点状元时评说)至于篆书要"龙腾凤翥",草书体势若飞若动可谓生动之极。

6.3.2.3　声　　韵

在文学艺术中,韵又有另一种解释。

刘勰说:"异音相从谓之和,同声相应谓之韵。"(《文心雕龙·声律》)朱星注:"韵是相同的和谐律,和是相反的和谐律。""韵"指的是叠韵、押韵,是音律相同的重复。朗朗上口只能是有韵之文。

韵文有韵,包括散文在内的文章都有韵,这一韵的含义和叠韵、押韵的韵不同。和书画中的气韵、风韵相似。

文学艺术中极重文风。

汉·曹丕论文:"文章以气为主。气有(阴阳、刚柔)清浊之分……好像音乐,都是曲子,虽然音调缓急,反复合一定的法度,但在运气不可能都一样,所以有巧有拙。"("文以气为主,气之清浊有体……譬诸音乐,曲度虽均,节奏同检,至于引气不齐,巧拙有素。"《典论·论文》)气,就是风,指文章的感染力。风、气非常重要,然而,即使以真和善的内容为骨,依靠一定的形式组合法则,还是不一定能达到有风韵或神韵的文章。

6.3.2.4 余 韵

刘勰论章句的写法要:"控制引导情和理,在接近和离开情和理的结合方式上,要像跳舞一样婉转连环,有停有进的步位;亦像歌唱婉转,有高亢有低坠的节奏旋律。"("其控引情理,送迎际会,譬舞容回环,而有缀兆之位;歌声靡曼,而有抗坠之节也。"《文心雕龙·章句》)这不就是让人从音乐舞蹈中学习韵律吗?

论画、论文还有一种对《韵》的诠注。荆浩韩拙论山水画,认为:"韵就是形态的有隐有露。""……好像琴声有余音绕梁,美食有余味在口,这才称韵。"("韵者,隐露主形。""……如朱弦之有余音,太羹之有遗味者,韵也。")北宋·花温《潜溪诗眼》说:"有余意之谓韵。"钱钟书举唐·李子卿《夜闻山寺钟赋》:"钟声慢慢减弱,声虽小了但不至于听不清楚,细但并不紧绝。似乎是断了却还连着,似乎是远了但还近在耳边。遇着一阵回旋的风,声音似乎都散了,再过一点轻风吹来、钟声还在那里回荡。"("其稍绝也,小不宛兮细不紧;断还连兮远不近,着回风而欲散,值轻吹而更引。")这是"曲终不见江上峰青,绵渺含情,总在烟波未尽"的"余韵"。美在生动之外,需含蓄而耐人寻味。

6.3.3 桥梁建筑中的韵

音乐、歌舞、书画、文艺中关于韵的几种含义,如节奏、韵律、生动、含蓄等都适合于桥梁建筑艺术。在桥梁美学的论文或书籍中,谈到法则,有些包含有韵律,有些没有,但是以另外的方式出现。

6.3.3.1 风韵 Charm

英国顾问工程师奥斯卡·费博(Oscar Faber)在《土木工程设计中的美学概念》认为:"一座构造物要是美,必须有动人的兴趣 excite interest,并且有魔力(亦作风韵)Charm。""什么是风韵,没有人告诉你。"于是他从建筑物的功能、性格、装饰中去找风韵。

西方谈风韵亦是由人而起。威氏大字典解释风韵 Charm 所举的例子是:"一种迷人的、有诱惑力的特性。如她的风韵影响很大。"这里渗有异性诱惑力的因素,在建筑上难以应用。

另外一个解释是:"获得感情的力量,即不可抗拒的欣喜。"这条定义用之于建筑易于遵循和理解。又一解释作:"一支歌或一个韵律"使人产生感染力。动人的兴趣还是起之于韵律。

6.3.3.2　魅力 Reize(德)

莱翁哈特博士的桥梁美学设计准则共计十条,其中没有提到韵和韵律。可是他的第九条"复杂性与多变化的魅力 Reize"中写道:"美可以在变化与相似之间。复杂性与有次序之间展示而得到加强。鲍姆加登早在 1750 年就说'丰富与变化应与明晰相结合,美会提供加倍的报答'。""贝林 Berlyne 认为连续的张和弛是美感经验一个显著的特性。文丘里(R. Venturi,1925～)是罗赫 Rohe 的'模数病'Rasteritis 建筑风格的叛逆者,他说:'离开序列一但要有艺术家的敏感性—可以创造愉快的诗一般的张力。'"

他的意思认为桥梁建筑需要魅力,实质也便是风韵。魅力得之于复杂性和多变性。又不能复杂得杂乱无章,需要有次序。也不能多变得眼花瞭乱,需要清楚明白(复而不杂,或纷而整;变而不乱,或变而彰)。他是同意美国建筑师文丘里的主张,要脱离"模数",用艺术家的敏感性来自由创造。创作的方法,用诸如贝林所提的连续的"张弛。"更具体地说:"例如在多跨长桥中,如果其主跨以变化的梁式来强调,就可以得到很好的应用。复杂性和序列的交叉作用在建筑上是重要的。"莱氏可称的序列意即指狭义的比例和对称。张弛不过是相对面的一种。

6.3.3.3　韵　　律

桥梁美学讲韵,其艺术形象要求富有韵味的旋律,即韵律已是没有疑义。

桥梁建筑以功能和不同建筑材料作为"骨"和"体",借鉴各种艺术表现韵律的手法,以达到气韵或神韵的总体艺术形象的魅力。

现在回顾一下比例的定义,即使是广义的比例:相对面的比率(一个或一个以上)在整体中同一的重复。比率以"指示线"或"模度"(数)来表达,所得到为同的和谐性。这就是文丘里所反对的"模数病"。

从中国美学的观点,韵律的定义可以写作"形式的韵律是美学中诸相对面间的关系,在整体中作有规律的变化或重复,以得到动人的美感。"韵律既有同的和谐性也有异的和谐性。

比例不过是广义的审美序列,韵律的一种,韵律是审美序列的总和,内中包括着比例、对称。

比例是比较严格的,韵律也有严格也有自由。

桥梁美学中诸相对面主要的是:"刚柔、虚实、阴阳、动静、向背、开阖、张弛、起伏等所组成。其旋律线的方式可以是连续、突变、模进、重复、交叉等形式。将于下章中以实例予以研讨。

第7章

桥型评赏

已经了解了桥梁美学诸多范畴和法门,真正地遇到自己动手设计或评价一座完成的桥梁时,仍然可能觉得无从措手,或说不出"道""理"来。通过众多的实例评析和实践经验,会加深对诸法则的影像,运用自如,最终目无全牛,游刃有余。

本书以中西哲学为基础的桥梁美学,尤以中国美学作为主线。所以在评赏之初,再把中国美学中的八个主要的相对面及其有关的若干相对面,分别作简单的解释,并以其作为评价的标准。八个纲领性的相对面是:刚柔、动静、阴阳、虚实。

7.1 八 纲

7.1.1 刚 柔

中国哲学以为天下的道就是阴阳。但真正分析事例的时候,谈阴阳不多,而谈刚柔居多,只因为阳刚、阴柔"立地之道,曰柔与刚"。地球上的事物:地刚水柔;死刚生柔。人体便是刚柔的组合,骨刚体柔;齿刚舌柔;怒刚喜柔等。刚柔概括了天地人三者的理。

一切艺术都离不了刚柔。所谓"艺有刚柔"实即刚柔是天地之本,特别是艺术反映情感,情感富有刚柔。

"乐记"中区分情感不同所表达的声音也不同。说:"悲哀的声音涸竭(柔中有刚);欢乐的音声舒缓(柔);高兴的声音发散(刚中有柔);愤怒的声音粗厉(刚);恭敬的声音直爽(刚中有柔);爱慕的声音柔和(柔)。"("其哀心感者其声噍以杀;其乐心感者,其声啴以缓;其喜心感者,其声发以散;其怒心感者,其声粗以厉,其敬心感者,其声直以廉;其爱心感者,其声和以柔。"《乐记·乐本》)

曲有文武,区别便在感情上的柔刚。音乐的调式,书家的笔墨,无不有柔有刚。

刘勰说到作文"先要有情和理作为间架,文采的描述穿插在情理之中。刚柔是文章主题的根本(或刚或柔的风格)随不同的情况予以变化。"("情理设位,文采行乎其中;刚柔以立本,变通以趋时。"《文心雕龙·熔裁》)清·桐城文派姚鼐论文分阳刚之美(壮美)和阴柔之美(幽美),实是刘勰熔裁的具体化。然而"刚而能柔"(《易·乾》);"刚中柔外。"(《易·离》);"柔应刚……刚节柔"(《易·鼎》);刚柔相济,刚中有柔,柔中有刚。刚中如无柔,显得粗暴如怒;柔中无刚,便成萎靡不振。只有"随不同的情况予以变化,才能恰到好处,符合艺术理想的美"。

文武之道,一张一弛,宽猛相济。金刚怒目,菩萨低眉,都是刚柔的配合。

中国书画同源;画主要是以线表现为形象的艺术,而书则是抽象化了的形象艺术。

刘熙载说:"书要兼备阴阳二气。大凡沉著屈郁,阴也(柔);奇拔豪达,阳也(刚)。"(《艺概·

书概》)这是本书的气势。

以线形表现的艺术要理解线形的刚柔。

书法讲笔力,如人体的刚柔。《佩文斋书画谱》论笔力:"善笔力者多骨(刚),不善笔力者多肉(柔)。多骨微肉者谓之筋书(刚多柔少),多肉微骨者谓之墨猪(柔多刚少)。多力丰筋者胜,无力无筋者病。"

直线是刚性的线,"机发矢直"是刚。

曲线是柔性的线,"涧曲湍回"是柔。

宋徽宗瘦金书筋多肉少,瘦骨峻嶒、策勒有力,刚而不柔。篆书多曲线,但是仍要求"婉而通"(婉而愈劲)是柔中有刚。柳公权书称为"刚健含婀娜"乃刚中有柔。

吴道子画,誉作"吴带当风"其飘动的线条中有风的力。曹仲达画,素有"曹衣出水"其贴体垂挂的悬线中表现出人体的活力和重力,都是柔中有刚。

刚柔是一种性格,是气韵生动的基本内容。

7.1.2 动 静

刚柔的另一表现方式是动静。

世界是变动的,所谓"变动而不居"。刚柔相推荡,有进有退,产生了运动。动静变化,从艺术则产生了审美感受。

音学、歌舞是动的艺术:书画建筑是静止的艺术。然而物是静的,人是动的。因此,静止的人欣赏静止的艺术品是称静观;运动的人欣赏静止的艺术品,称为动观。即使是静止的书法画面,在制作过程中是动的,并且所表现的是动的事物的瞬间静止的形象。在欣赏的过程中,目光随之而动、也是静中有动。静止的画面也能体会出动的姿态,得到生动的影像。

欣赏中国的书法,写得好的篆体要"龙腾凤翥"。草书更是富有动势,有动有静。

崔瑗说草书:"观察它的方法形象,有俯有仰,具有一定的仪表。说方却不能用直尺量,说圆,不能用圆规比。抑制左边,发扬右边,看起来似乎是倾斜的。字像颠着脚站着,好像鸟要起飞;又像狡猾的野兽,摆出一付将要跑的样子……"("观其法象,俯仰有仪,方不中矩,圆不副规,抑左扬右,望之若欹;竦企鸟跱,志在飞移,狡兽暴骇,将奔未驰……。"(《草书势》)

这种形式上线条的动静变化,都和感情有密切联系。近人吕凤子在《中国书法研究》中说明:"根据我的经验:凡属表示愉快感情的线条,无论其状是方圆粗细,其迹是燥湿浓淡,总是一往流利,不作顿挫转折,也是不露圭角的。凡属表示不愉快感静的线条,就一往停顿,呈现一种坚涩状态。停顿过甚的就显示焦灼和尤郁感。有时纵笔如'风趋雷疾',如'兔起鹘落'纵横挥斫,锋芒毕露,就构成表示某种激情或热爱或绝忿的线条。"

中外都喜欢流畅的线条。

舞姿"像屈曲前进的游蛇,随风飘荡的云带('蜲蛇姌袅,云转飘忽。')"。(传毅《舞赋》)。曹植《洛神赋》形容洛神美丽的动态是:"翩若惊鸿,婉若游龙。"前者突飞而刚,后者婉曲而柔。

米开朗基罗(Michelangele)论画,认为蛇形线"笔法钩勒,婉姬縈纤,最足传轻盈流动之姿致。"舞蹈中互织的舞姿,天空中缠绕飘曳的炊烟,都是动的美丽的线条。

英国美学家博克(Edmund Burke)说:"秀美见于姿态和动态,它须显得轻盈、安详、圆润和微妙。有曲线而无突出的棱角。"颇近似莱辛的"媚"(魅力)或"动态美"(钱钟书《管锥篇》)。

龙蛇线、焰形线、烟云线、女性身材线等,在动态中表现出的线条以柔为主。亦因其"活"而带有一定的刚度。即《易》所说,"坤,至柔,而动也刚。"(《易·坤》)。

抛物线、悬链线等曲线,所以能如此弯曲,因承受着较大的力量,可称柔中有刚。

飞行器曲线是太空时代的产物,象征着速度和克服地球引力更大的力量,虽柔而几近乎刚。

垂直线直指苍穹,水平线引向深远,则完全是刚性的线条。

一切刚柔,从动态中得到势的体会,即使在静态中亦保存着同样的感受。

艺术形象的生动活泼在能表现其气势。使**伏**有**起**之势、**屈**有**伸**之势、**敛**有**张**之势。

谢赫六法,以"置阵布势"以保证"气韵生动"。吕凤子解释道:"张是力量向外,有大感、动感;敛是力量内集,有深(藏)感、静感。"总结动静之势的艺术形象构造方法是:"画变有方,一敛一张;竭画之变,一张一敛"。

7.1.3　阴　　阳

阴阳原是相对面的总称。所有一分为二的相对面都分阴分阳。刚柔、动静、虚实都是阴阳。这里所称阴阳乃狭义的向阳和背阴所产生的效果。

自然界中,春和景"明",可以使形象细节分明,变化丰富。一切在阳光下的景都富於生气。山分远近,石露峥嵘。水光潋滟,物象清新。花卉虽美,只有在光照之下,能分厚薄层次,加上露珠晶莹,光彩照人。枝叶阴阳向背,色有浅深。一株红艳,绿叶扶疏,碎影在阶,意趣无穷。至若竹影疏梅,松月映窗,虽然没有色彩,也难分向背,然而轮廓清晰,阴阳分明,是绝妙的剪影图画。

人说中国画中不注意阴影,其实亦似舞台上需要消影灯一样,是为了消除画面的零乱,而中国文学艺术中,歌颂光影者如"举杯邀明月,对影成三人。"(李白);"起舞弄清影,何似在人间。"(苏轼),对光影有特殊的感情。

中国建筑木结构的丰富的**收挑**、**凹凸**、掛落、漏窗,是富有光影韵律变化的形象。中国建筑极考究阴阳向背的关系。

"石有三面"园林建筑中叠石为山,需求皱、瘦、透、秀。魏营洛阳,史称宫阙建筑"向背如神"。阴阳向背,可以发挥如神的韵味。

西方亦有类此的富於哲理的说法。

马赛尔·勃劳欧(Marcel Breuer)在《太阳和阴影》一书中记:"西班牙斗牛的标语是 Sol y Sombra 指的是斗牛场里,一半位置面着太阳,一半在影子里。""……西班牙的太阳不能用西班牙的阴影去冲淡它。只有他们二者都是在不被冲淡的明晰存在下,是生命的一部分,理想的一部分。"相对面独立存在,相反相成,这和中国哲学思想是一致的。

他举希腊柱本身柱石粗糙,可是其接合处的微凹微凸的面,制造得异乎寻常的精确,此即"Sol y Sombra"阴和阳的成功。这是指**精和粗**,**繁和简**的关系。建筑物表面精细和粗糙,凹和凸,也就是光影的表现。

一切建筑上的雕、镂、刻、凿,都是改变建筑表面的光影感。当然,主要的是以其内容丰富建筑。

他又谈到"玻璃包围起来"的房屋,他认为其中没有"Sol y Sombra"。他说:"透明,确为我们这一时代特有可能……但是透明也需要实体,不但在美学上需要,在生活上亦需要。生活上要求有秘密,要求有反射面。"虽然秘密和反射面已可用反射玻璃来解决。透明和实体 Transparency and Solidity 是阴阳光影问题,也是个虚实问题。在该书中,未曾论述到这一点。

7.1.4　虚　　实

美学中的实和虚起自哲学中的有和无。中国美学以虚实为艺术的神髓。

实是指有形,虚是指无形。对於艺术,实是指有形的艺术形象;虚是指形象内外的空间,形象所表达的感情、意境、气势等只能从意识中体会的因素。除了共同的含义外,不同的艺术,虚实各有特殊的含义。

文学艺术,文中之意为实,言外之意为虚。描写客观的事实或环境为实,谈论抽象的概念为虚。写文章的手法,有时明说,有时隐喻"虚实互藏,两在不测"。作文的主题好像云中的龙,雾中的豹,时隐时现,时出时没。有时是虚,有时是实,变化莫测。"("文如云龙雾豹,出没隐见,变化无方。"《艺概·文概》)这便是文学艺术中高标准的虚实相生的气韵和气势。

视觉艺术是较为直接的感性认识。

中国书画艺术的烘熳、钩勒、演染等落笔墨之处为实,意境为虚;笔墨之外,称为"留白"的部份亦为虚。

山水风景以景物为实,云气为虚。然而即使是山水画,有时留白不一定是云气,山水以外的各种其他画或书法,留白更不是云气,而是画面各部份之间应接之处。书画家们自然着力于实笔的功力,然而笔墨之外空灵的虚处却能表达画的神韵和气魄,更可於此见出艺术家的修养功夫和品格高低。

如画家孔衍栻称:"山水树石是实笔,云烟是虚笔。心中有虚处的布局再运用实笔画出来,实笔也带有虚的意味,全画便有灵气。"("山水树石,实笔也;云烟,虚笔也。以虚运实,实者亦虚,通幅皆有灵气。"《石村画诀》)

以实笔画出留白处的画面,使全书空 濛礆礆,生机蓬勃。所以中国画讲究"以实求虚,虚虚实实,是为上上"。(布预图《画学心法问答》)

中国画"不可填塞"要使留白处"望之无形,揆之成理"。白处不一定是云,而可表明画面各物间自然的层次,有机的相联和呼应。虚起实结。实起虚结,虚虚实实产生神韵。虚处予人以丰富的想像余地,产生余韵。

治印象注重章法,章法要点是"密不容针,疏可走马",也即有虚有实,虚处不可填塞。所以又称"满红满白,不成正格",只能称之为村气、匠气,就是因为有实无虚,显不出气韵生动。

草书气势磅礴,全在"揖让"。揖是揖聚,客客气气地碰头;让就是辞让,客客气气地分开。然而字里行间,有时却像拳脚往来,剑棍刺扫,左躲右闪,表现出活动的空间,也在虚实之间做文章。宋徽宗讥当年南方自称草书能手的名士,只会填白,是不懂艺术。

虚实相生,虚中有实,实中有虚。

范玑说:"画有虚处实处……大家知道没有笔墨之处是虚,不知道实处亦离不开虚……更不知道无笔墨处亦有实。"("画有虚实处……人知无笔墨处为虚,不知实处亦不离虚……更不知无笔墨处是实。"(过云庐画论》)他的意思是笔力浮沉,墨色浓淡,便是实中有虚;虚处为云烟,为意境便是虚中之实。

画家们凭自己的经验体会,不但告诉我们虚实的意义和作用,并告诉我们创作方法。首先是要"意在笔先"。"道通天地有形外,思入风云变幻中",有了有虚有实的腹稿,画画的秘诀,要使画中虚白之处,"不要太逼近急促(毋迫促);不要太零乱散漫(毋散漫、毋零星);虚白之间要有一定的联系,不要孤零零的一块(毋寂寥);亦不要单一重复像门牙的排列一样(毋重复排牙)。"(华琳《南宗诀祕》)或说:"虚实在乎生变(化)。生变(化的祕)诀(在於)虚虚实实,实实虚虚",意思就是"一处聚密,必一处疏放,以舒其气。此虚实相生之道也。密处有疏,疏处有密,此实中虚,虚中实也。"(郑绩《萝幻居画学简明》)

比较详细地引述中国美学虚实的意义和处理虚实的方法,对桥梁美学应有很大的帮助。然而真要达到运用自如,创作出神品、精品、逸品,还是不容易的。

7.2 梁　桥

桥梁建造得最多的是梁桥。

因为自木石以来,近代钢和钢筋混凝土至预应力混凝土桥,梁跨可达百余米,一般航道的净宽梁桥都能满足。

梁桥由于实用、简单、经济,且混凝土梁保养工作量少,所以更多的是钢筋混凝土 R.C. 和预应力混凝土 P.C. 梁桥。此类桥梁,不论是工厂集中生产中小跨度预制梁,或在桥址就地灌注,用移动支架法或顶推、伸臂等法施工的梁,都可以应用工业化流水生产的方法进行。因此,往往偏向于采用等跨、等高、平坡、直桥的形式。如图 102 郑州黄河铁路桥;图 103 郑州花园口黄河桥等。桥北处地形平坦,水面开阔,其桥式从美学观点分析,坦途箭直,是刚性的桥梁,严格地服从比例,即每桥孔的"指示线"相等而平行。严格的平移对称、实际上便是单调,仅有节奏而没有韵律,仅有同的和谐而没有异的和谐,不能称美,只是整齐划一、板而不活的桥。然而亦不能称丑,因为它并不是杂乱无章。

图 102　河南郑州黄河铁路桥

然而这样的桥,在透视之下,还具有另一方面足以弥补的地方,即等桥跨透视下变为有规律收敛变化的桥孔,其指示线(桥下净空对角线)愈远倾角愈陡产生有规律的变化(韵),以至于无穷,引人入深远的境地。

我们且看黄金比在等跨梁上能起什么帮助美化的作用? 梁的跨高比和墩的宽高比不能用黄金比,否则将成肥梁胖墩。桥下净空虚处,其宽高比可以为黄金比,也许是美的比例,可惜透视之下,这一比率关系便无影无踪了。

从沉沉一线,扑地而过的郑州黄河桥,到高耸入云的高架桥,各种比率和同一比率的比例,除了尺度的变化,引起深远、高旷的感受不同外,其桥梁的阳刚性质和缺乏韵律是一致的。

图 103　河南郑州花园口黄河公路桥

有变化的梁桥,能从各方面引入美境。

一座山谷中的直线等跨梁桥,由于墩高随坡变化,增加了自然起伏的韵律。这样的实例较多,只是得之自然条件,不能人为创造。换句话说当有这样的条件时,平直等跨,亦可得美。

人为地布置莫若下列若干方面。

7.2.1　平、竖曲线

过去限于技术,凡遇桥梁必取顺直,宁可改变桥头线路以适合直桥,迄今公路、铁道部门的部分桥梁工程师,对总体选线时仍提这样的要求,这无论从那方面看,都是不尽合理的。近代的公路铁路交通工具,车速都在提高,对线路的要求十分严格,因此,桥梁服从线路是必要和可能的,同时也增加了桥梁的魅力,图 104、图 105 分别为两座铁路和公路曲线桥,梁柱都很简单,桥梁却成刚柔相济的一种方式。很多桥梁美学书籍和画册上刊载的称为美丽的桥,很多是服从线路要求的结果。

除了平曲线外,竖曲线亦可增加梁桥风韵。铁路桥梁,一般坡道平缓,而公路桥梁,坡道可陡,一般在 4.0% 左右,这样已可使桥改观。桥一边上坡,一边下坡,中间插入竖曲线,于是虽为直线桥梁,纵向有起有伏,透视之下,成为较美丽的拱坡桥(图 106 至图 108)。三座桥桥形都很简单。广东容其桥和美国温多河桥,桥墩都用支柱,以增加透视下桥下较虚的空间。美国阿尔培麦尔桑利桥,用工字形独柱,以增强光影来丰富其立面。

图 104　铁路曲线桥梁(大秦线)

图 105　美国格林乌公路曲线偏桥

图 106　广东容其桥

图 107　美国温多河桥

图 108　美国阿尔倍麦尔桑桥

7.2.2　梁、墩变化

　　梁式桥的梁部造型可予变化,但不可能是随心所欲。其变化大部根据结构布置内部受力情况，特别是随力矩图的变化取形。于是简支梁可为折线（图109）或曲线形（图110）鱼腹梁。所示两例，桥墩的线形亦和梁配成，於是成有起伏、张敛、上下部互相呼应有一定韵律的设计，透视之下变化的动态。大河口铁路桥因全是直线折线，变化强劲，属于刚性的美。伊河桥多柔性曲线，但亦有直线，刚柔配合，旋律便比较柔和。

图 109　大河口铁路桥

伸臂及连续梁，上承式梁下弦可为折线或曲弦，国内外均以曲弦为最多，这样的梁桥刚柔相济，桥式一般尚称美丽（图111、图112）。如再随线路平、竖曲线而变化，成为一曲立体的交响曲。

图 113 为法国圣克卢塞纳河桥。桥随线路弯曲而斜交河上。建筑师主张用等高、单箱多室箱梁的宽桥，椭圆形截面桥墩，墩面刻竖槽以减少其板实感。因实面太大，光影效果不显著。图 114 德国希尔施霍恩内卡河桥，既为曲梁又为曲弦，伸臂板在梁上产生的光影明晰可观。桥墩亦椭圆形，但上大下小较圣克卢桥为轻巧。这是一座美丽的梁式桥梁。

梁桥的桥墩最富于可塑性，所以也是桥梁美学易于着手的地方。约束的条件除了能安全可靠地传递上部结构力量到基础，以及在河道或道路中的桥墩需防撞之外，造型上较梁部自由得多。从多样与

图 110　伊河公路桥

统一的美学要求，力争每一座桥有新的创作，不落前人窠臼。图 40 已举了八座桥的实例。虽然如此，美学上仍需注意要立体化，虚实处理得当，不增加或堆砌没有意义的装饰等。

图 111　福建乌龙江桥

图 112　湖北汉水桥

　　梁下墩间的净空为虚。桥正面看时,似乎虚多实少。当侧向欣赏时虚实之间的关系在起不断的变化。图 115、图 116 均为板式实体桥墩,是平面结构板面过大,因此透视之下,没有多少虚实的变化,只有光影的变化。光影变化在阴暗天气是会消失的。因此,全桥显得过刚(生硬)过实。试与图 9、图 10 相比较,同样是平板墩柱,虚实的效果大不相同。

图 113   法国圣克卢塞纳河桥

图 114   德国希尔施霍恩内卡河桥

　　莱翁哈特曾经指出,采用并列多柱式桥墩,桥跨较小而较宽时,要避免透视下混乱的感觉。虚则虚矣,虚而混乱。因此,他的设计,桥面虽宽,一路自上而下,桥两侧为大伸臂,箱梁内收;墩顶扩展但较箱底宽为小,墩身内收,成 Y 形桥墩。世界上这类的桥墩特多(图 117、图 118)。

图 115　广东三容其桥

图 116　广东沙口桥广州岸引桥

图 117　美国 1—110 柏洛希桥

图 118　香港高架桥

一般桥墩造型为镜面对称,所以自 A 至 Z 的 26 个英文码中镜面对称的字码都曾被采用为桥墩形式(包括索桥吊塔)。并在刚柔、虚实、光阴之间大做文章,变化多端,使简单的梁桥,亦层出不穷,美不胜收(图 119、图 120)。

图 119　奥地利维也纳普拉特桥

图 120　澳大利亚珀斯亨利山桥

　　桥梁美学,不一定只在大桥上有所表现;图 121 所示德法兰克福一座小桥,梁板微拱,两侧桥栏作月牙形板,以短拱板吊住桥板。两端支墩支承月牙栏板。小河护岸作连续圆柱形短柱壁,桥只数步之长,有刚有柔,有虚有实,有阴有阳,是静桥而有动势。可为独具匠心。

　　日本东京樱花桥(图122X桥)是一座平面上为X形的人行桥。与一般桥岸一点相联不

图 121　德国法兰克福小桥

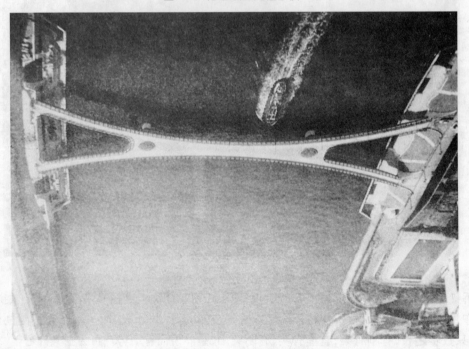

图 122　日本东京樱花桥（X 桥）

同,采用分叉式以利于行人走较近的道路到岸上的目的地。桥中孔较宽,两侧可凭栏欣赏隅田川的水上风光。立面上是一座简单的梁桥,然开阔、起伏,把立交桥的布置方法引进到河上使桥梁造型大为改观。1949 年美国名建筑师赖特氏所提美国旧金山海湾桥方案,平面上亦作中部开阔的处理。结合本桥设计思想,为今后城市桥梁时,可结合渠化道路作超越限界的考虑。

7.2.3　桁桥

桁架是近代结构形式,最早的桁架桥迄今只 170 年左右历史,桁架的出现,改变了结构组成和审美观点。

桁架是由杆件系统所组合成的结构,由包成外轮廓形状的弦杆和弦杆之间传力系统的腹杆。杆件都是刚性直杆和在节点处刚性转向。

《桥》一书中,我已详论各种桁架形式。并且说明,19 世纪的钢结构,除立桁之外,还存在着各种支撑用的联结系;同时,杆件用缀条缀板铆合型钢,节点亦为组拼铆合,因此,立面似乎简洁,透视之下,无不成为一堆乱柴。理不清"实"的杆件的头绪万千,弄不懂"虚"的杆件所切割成的空间图案的杂乱无章。虽然有虚有实,经纬不清,不仅"迫近急促",而且"零乱散漫"达不到美的标准。也许这便是第一章中所述建筑师毛里斯批评工程师本杰明的福斯桥是"丑陋的顶点"的原因。于是,除了工程以划时代的进步外,桁架以其弦杆所包括的轮廓线作为审美重点。英国本杰明和法国齐飞尔的作品,被赞美的是尺度和轮廓,只因时代限制,其细节的丑陋,为技术上的无可奈何而予以包容,都被认为是时代的里程碑。

中国在本世纪 80 年代以前,大跨度的铁路桥多数为钢桁架(图 123、图 124),且多数为平弦,是典型的各种联结系俱全的构造。只有靠选择一定角度所摄照片,才避免过分杂乱的感觉。丹麦大带海峡桥早期方案有连续桁架者(图 125)。现建设中的大带海峡东桥为大跨悬索桥。

图 123　长东黄河铁路桥

图124　宜宾金沙江铁路桥

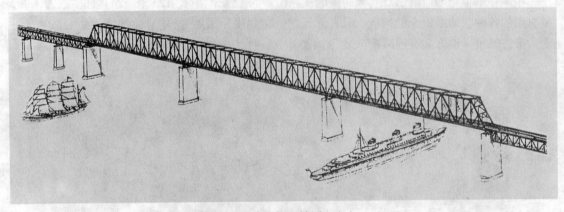

图125　丹麦大带海峡桥方案之一

　　我国、美国和日本等国 80 年代仍有造大跨钢桥，多数采用曲弦(图 126、图 127)，以改进造型，使刚柔相济，可惜虚实关系总难妥善处理。

　　英国自福斯桥以后，不断研究钢管杆件和不用节点板的直接焊接。钢桁结构趋于简单明了。早期英法海峡桥方案(图 128)有三角形桁架钢管结构，造型具有一定的魅力。通过 20 世纪英国北海海上石油钻进平台钢管结构的实线，已具有成熟的手段和经验。但英法海峡改用隧道。但其方案之一英国岸联接隧道的栈桥为焊接钢管塔柱的斜拉桥。

　　80 年代起，日法等国采用预应力钢筋混凝土桁架桥。虽然迄今尚未超越的混凝土代替钢的阶段。混凝土杆件的造型更具有可塑性，可设计成杆件以外各种类型，使阴阳、向背、虚实等变化更为丰富。还有广阔的天地可以进行新的创造！

图 126　美国拱式桁架桥

图 127　九江长江大桥(1993)

图128　英法海峡桥早期方案

7.3　拱　桥

拱形是天生美丽的。历来把拱桥比作天上的彩虹。彩虹没有什么比例或指示线可言。但不论是圆曲线、抛物线、广义或狭义悬链线的拱,都有有规则的曲率变化,因此,拱桥是有韵律的桥。

曲线是柔性的,但拱桥拱轴线是在力的作用下产生的曲线。不似青丝万缕,亦不以柔肠百转似地柔而无力,拱轴线是柔中有刚的曲线。

很少有单独保拱的桥。拱桥中总有直线相结合。因此,拱桥总是刚柔相济的桥梁。

7.3.1　实腹拱

古代的砖石拱桥多半是实腹拱,即拱背两侧有拱墙,内部填实,上铺桥面。拱券的厚薄取决于拱上填筑的高度。填筑越薄,拱券亦可减薄,于是拱亦更为轻巧。

图129为意大利马达兰那桥为多孔不对称驼峰式石拱桥,主孔拱顶极薄,边孔拱顶填土较厚,但拱券厚度相似。桥墩作分水尖,桥型高耸而美丽。起伏、开阔,甚有雅致。

图130英国的台威尔斯桥为双孔石肋拱,中墩厚实,虽孔为偶数,却是镜面对称,韵律作左右重覆,而中墩则是其情趣集中点。所以双孔石拱桥未始不美。

中国水乡的三孔(或五、七、九孔)石拱桥(图131),中孔最大,拱顶极薄。边孔随坡递减。拱都作半圆,或略大于半圆,拱券极薄,两孔拱券,在中墩相接,所以桥墩也极薄。桥头驳岸接水,拾阶上桥。临水河房,或有茶坊酒肆,凭栏观桥;一舟荡漾,伊呀而穿月,有说不尽的诗情画意,和极大的魅力。中国石拱桥的幽美,到江南而叹为观止。

图 129 意大利马达兰那桥

图 130 英国台威尔斯桥

7.3.2 空腹拱

罗马时代的水道桥,如图1的法国加尔德桥及图132西班牙恶魔之桥,桥上叠桥,拱的韵

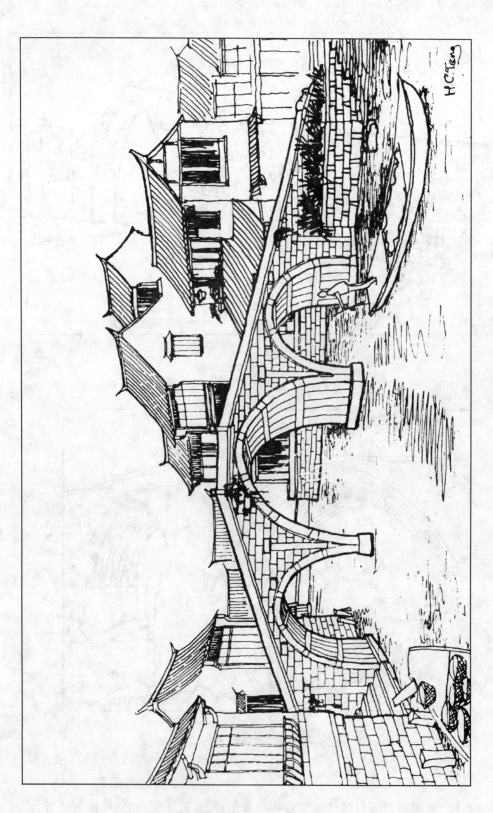

图131 中国江南水乡石拱桥

律於上下、左右之间不断地重覆。这是在当年技术条件下,解决高大峡谷桥的设计建造,也获得较美的造型。19 世纪德国的歌尔兹许铁路桥,用砖石结构,亦采用同样的构造,层次达到四层,层高不一。相同的边拱到中部时先收敛成小跨,又扩大为两层的大孔。因此,这一座峡谷桥,并不是简单的结晶对称,于桥高长两个方向,都有韵律的变化。虚实,张敛,饶有趣味。从今天的眼光看来,虚还不够,是用约 136 000 m³ 的圬工"填塞"着峡谷:技术上还不是真正的空腹拱(图 133)。

自中国赵州桥(图 2)起,世界上有小拱叠于大拱的空腹拱桥,改进实腹的"实",增加拱桥的虚。除了主拱主旋律之外,增加了空腹拱桥上结构不同的旋律。

空腹石拱桥采用多孔叠置的小拱(图 73)一度是认为极美的桥式,主拱的大旋律加上小拱的和声,起伏地前进,是后来公路和铁路钢筋混凝土桥所喜欢采用的桥,今天看来还是美的。虽然,根据美学中物极必反的规律,造得过多,美亦会变"丑"。况且钢筋混凝土桥面系不必为拱形,于是拱上空腹结构多用梁柱式。图 134 为兰州黄河铁路桥(东岗镇)三孔肋拱,拱上为梁柱结构。可惜此桥采用了固定式钢结构的拱肋检查设备,附加的次要建筑使主体建筑形象受了损害。

图 135 为日本月夜野铁路桥,系采用端士梅拉尔脱创设的刚性梁柔性板拱,拱板极薄,桥形极为轻巧。只是折拱成折线形,减少了其"柔"增加了其"刚"。拱脚上墩柱遇于板实,更妥善地处理主孔和边孔韵律上的连续性,可能会得到更满意的结果。

捷克布拉格以南跨越莫尔达娃水库的博独尔斯谷桥。是一座十分美丽的钢筋混凝土拱桥。从结构观点,莱翁哈特博士认为"不令人信服,因为小拱的集中荷载在等量曲率的主拱圈上引起不必要的大弯矩"。这一点对于非工程技术来说并不是主要的。即使是工程师而言,德国近年亦设计不少恒活载集中於拱中部 1/3 范围内的桥梁,赢得很好的造型。博独而斯谷桥在美学处理上是很成功的。设计者十分和谐地联结起正桥和引桥,主孔和边孔,使主旋律(主孔)辅旋律(拱上小孔,边孔)和和声(拱上梁柱)在高度上层次分明,在全桥协调连续。从任何一个角度都能得到美的享受,刚柔、动静、阴阳,虚实之间的处理无一不佳。

日本大阪南港高架桥(图 137)从结构上可说挑不出什么不合理的毛病。主孔是单片下承拱,边孔为口形框架墩。撇开其前面矮桥的不协调不论,照片上引桥小孔墩斜柱似和拱脚处并行,因此似甚协调。实际上只有这么个角度能看到一些协调的旋律。转弯后的引桥突又变为 T 形桥墩。所以,全桥的和谐性是可疑的。也可见桥梁各部份能取得生动的韵律,并非易事。

7.3.3 双曲拱

中国自 60 年代起,由江苏无锡创建双曲拱。双曲拱的特点是拱肋承托弧形拱波,以预制块件拼装成拱桥。整桥化整为零,便于运输和安装。一时风靡全国,公路、铁路和城市桥梁都有应用。

早期的双曲拱都采用密肋,拱上结构亦仿石拱,为小孔拱形,因此只在材料和施工技术上有新意外,形式上颇觉琐碎。后期建造的大波或单波双曲拱,不失有比较美丽的拱桥。

江苏苏州宝带新桥(图 138)为并列单波双曲拱桥,框架拱上柱,微弯板桥面,双坡有竖曲线的路面,挑出的人行道,全桥极富于各种相对面的韵律的变化。

江苏无锡沙墩港桥为并列三波双曲拱。其特点是从桥墩两侧挑出伸臂架,其端作为拱的拱脚支点,以此缩小拱跨,在造型上脱出窠臼,活泼可喜(图 139)。

上海和尚泾桥(图 140)亦是并列三波双曲拱,拱上柱为等斜度桁架式腹杆,腹杆横向以框

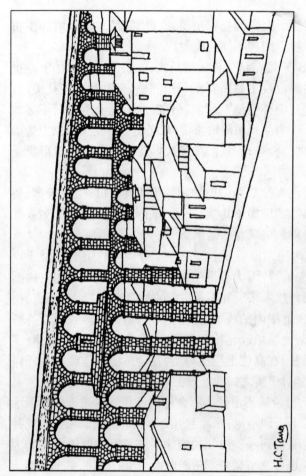

图 132　西班牙恶魔之桥

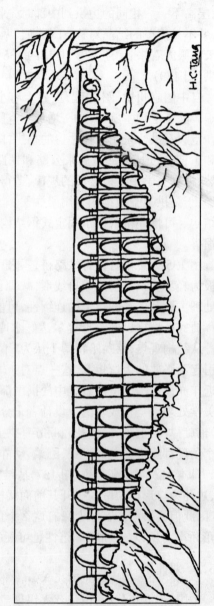

图 133　德国歌尔兹许桥

架式联结,不产生钢桁架透视下混乱的效果。桥的韵律清晰而和谐。

图 134 兰州黄河铁路桥

图 135 日本月夜野铁路桥

双曲拱桥造得美丽的甚多,以这三座为典型的代表。一方面由于双曲拱桥在细节构造上有缺点,易产生裂缝,另一方面过多则滥,求新的欲望促使桥梁建设者去探索新的桥式。

图 136　捷克博独尔斯谷桥

图 137　日本大阪南港高架桥

图 138 江苏苏州宝带新桥

图 139 江苏无锡沙墩港桥

图 140　上海和尚泾桥

7.3.4　刚构拱

　　继之出现刚构拱桥。拱上柱向拱顶方向倾斜。拱脚处立柱与桥面成刚架构造,减少拱的受力,是刚构和拱的结合。图 48 广东番禺刚构拱桥十分清楚地揭示其构造。江苏无锡金城桥(图 141)为净跨百米的钢构拱。有防止软土地基拱脚住移的拱施,结构上考虑甚为周至。可惜其跨越河边道路的边孔和中孔不甚协调,梁高和拱上结构梁不齐。虚的图案转换突兀。假如边孔亦采用钢构格式,如左下角所示,全桥虚实的变化能取得更多的呼应与和谐的韵律。

图 141　江苏无锡金城桥

国外钢构式拱,或拱式钢构,如美国圣地亚哥密拉玛跨线桥线条简单而连续(图 142),日本东京陈列广场跨线桥(图 143)较厚实的钢构拱和墩上较细的斜挡柱,其起伏、粗细、虚实、光影的变化,很可耐人寻味。

图 142　美国圣地亚哥密拉玛跨线桥

图 143　日本东京陈列广场跨线桥

7.3.5 桁架拱

与刚构拱同时发展的是桁架拱,为拱形下弦的桁架并起拱的作用。桁架拱由于下弦拱肋(杆)较细、全桥刚度较大、有其结构和经济上的优点。贵州剑河县清水江桥,桥跨中孔达150m。桥结构形式是从拱肋安装时以斜拉索及短竖杆组合的伸臂安装法演变而成。一般方法安装完毕,拆去斜拉索,成梁柱式空腹拱。此式不拆杆,将约1/4拱处拱上柱做成双柱。拱顶合拢后,解开双柱顶部联结,成为支承于两端伸臂桁端的悬孔桁拱。构思巧妙,材料经济。只是现今的设计(图144)腹杆为柏氏式,不及和尚泾桥三角形式为和顺。而正面所见,不为复杂,侧向透视,因是多片结构,联结系众多,一如图145所示苏州新觅渡桥,犯了经典钢桁桥相同的美学上的失误,有待於再次改进。

图144 贵州剑河清水江桥

7.3.6 壳体拱

以薄壁的钢筋混凝土建造薄壳拱桥一直是工程界的"梦想"。意大利桥梁工程师和建筑师在这方面是先驱者。意大利工程师立那第的卷边薄拱;意大利建筑师保罗·索兰莉的上下卷边薄壳拱桥,造型流畅自然,已在《桥》一书中予以介绍。近年薄壳拱的想法在意大利已有实现。图146意大利波顿查附近,1975年建成跨巴商托河桥,为薄壳拱以点支承的方式承托整体桥面板。新颖的节奏和韵律,改变了传统的拱桥概念,空腹小拱,倒置如图,虚处形象,在桥梁界为创见。

本书4.7.3节"创新"中已论及 F.C. 的发展,可以无支架地建设薄壳桥梁。目前中国尚仅用于梁式水道或人行桥。本桥是否为 F.C. 结构,情况不明,拱壁尚嫌稍厚,这一领域里的发展前途是广阔的。

图 145 江苏苏州新觅渡桥

图 146 意大利巴商托河桥

7.3.7 中、下承拱

拱桥可以为上承,中承或下承式。中承和下承式能采用系杆使桥墩不产生推力。上承式拱桥过桥者不能欣赏拱桥的美。中、下承式拱桥,过桥者可以观察到拱的起伏和韵律的优美。

　　双片拱肋的拱桥,其间联结系的设置力求简单,以避免混乱和压抑。一般如图 147、图 148 的框架式结构。前者为钢筋混凝土箱形拱肋,后者为钢管混凝土拱肋,桥跨较大而拱肋反较柔细。

图 147　四川成都府河拱桥

图 148　四川广元钢管混凝土拱桥

完全避免拱肋间的水平联结系,便有图149辽宁丹东沙河桥的无水平联双片拱;或图13的两拱肋内靠提篮式拱;或图137的单片独立拱。

图149　辽宁丹东沙河口桥

图150　上海交通大学闵行分校校门桥

　　近年设计的上海交通大学闵行分校校门,两片拱肋一端相合,一端张开,仅合处上部有一横梁以锚斜拉吊索拉於桥面梁中部。其美学设计思想,以一起一伏,一开一合,作"抱"的外形以示展臂相迎的象征性意义。可以认为是具有匠心的。

　　日本大川市桥组合一大跨扁拱矢,和斜杆及小跨高拱矢突出于扁拱者作为扁拱的"腹杆"系统,造成组合式奇突的钢系杆拱桥。其名为飞翔桥(图151、图152)的人行桥。可称是一座复合旋律的变调鸣奏曲。

图 151　日本大川市飞翔桥

图 152　飞翔桥桥面

　　一座多孔长桥,以拱作为基调,结合大孔小孔的有机分配,拱上空腹结构的适当选择,线路上下坡竖曲线的设置。图153、图154可以说是非常美丽的。若全部为拱,平曲线会使结构变得过分复杂。林同炎设计的台湾关渡桥(图153),主跨为中承式桥,拱波起伏。引桥和匝道采用梁式结构,适宜於布置平曲线,并将开合部分引入河上桥梁,既节约了江边用地,亦丰富了桥的造型。只是在色彩方面,采用了日本桥梁界喜用的红色大胆对比的色彩,使拱和引桥梁的接合处有断而不续的感觉,影响了全桥的和谐和连续性。钢拱和钢梁连续五孔立面相齐,没有光影的变化,和梁孔桥带伸臂的饰带也不连续。拱在桥面下混乱的联结系,石锁形体量过小的拱墩等,都是些稍加注意可克服的缺点。

图 153　台湾关渡桥

图 154　广东江南桥

南斯拉夫沿亚得里亚海联结克尔克岛的桥为 244m 和 390m 钢筋混凝土拱(图 155)为目前世界上最大跨的此类拱桥,造型简单、开畅、连续和和谐。特别注意其大拱脚与岸接合的处理,自然而不笨重。而座联接的桥梁,其协调和谐问题十分重要,克尔克桥在这方面亦是成功的,下节索桥中将再举例说明。

图 155　南斯拉夫克尔克桥

正在设计中的万县长江大桥,将以 420m 的桥跨超过这一记录。

7.4　索　桥

索桥分为两大类型,即古老相传的悬索桥以及第二次世界大战之后发展起来的斜拉桥。索桥由索、塔、梁三部分组成,可是美学效果悬索桥和斜拉桥极不相同。

7.4.1　斜拉桥

斜拉桥的梁部结构是桥面的支承,有钢,钢与钢筋混凝土桥面板的结合梁,预应力混凝土梁等材料。其横剖面为简单的纵横梁加桥面板,或梭形流线的箱梁,或为桁架。虽然变化甚多,由于斜拉桥靠斜拉索帮助,一般总是等高的直梁。

斜拉桥的塔有门形,H 形,多层框架形,A 字形,倒 Y 形,独柱形,支柱形等变化极多其构造随索的布置而定。但所有桥塔,不论塔身截面形状亦多种多样,都是直杆的组合。

斜拉桥的索从稀索发展到密索,从双索面发展到单索面。索的布置为折扇形(一般称放射形),芭蕉扇形(一般称扇形),平行弦形(一般称竖琴形),星形和曲面形。不论何种形式布置的索,都是紧索。直线的梁,直线的塔和直线的索,都是刚性结构,属于刚性的桥梁。这已构成其造型上的局限性。斜拉桥各种桥式的变化,与其说单纯技术上的进步,毋宁说很大程度上是由于美学上的考虑,伴随著相应的技术上的改进,以取得更理想和美丽的造型。

斜拉桥首先是由双索面,放射形稀索开始,即图 156,1955 年所建瑞典斯德罗姆海湾桥,中跨 183.6m。70 年代建造的我国广西红水河铁路斜拉桥,中跨 96m(图 157)。平行弦斜拉索。前者为钢梁钢塔,后者为钢筋混凝土塔梁结合结构。在稀索的情况下,不论放射形或平行弦布置的索,其虚实图案,尚有条理。由于同样的梁高,可以建造较之非斜拉系统更大的桥跨,从技术和经济,开始吸引工程界。新出现的造型,亦具有一定的感染力。

图 156 瑞典斯德罗姆海湾桥

图 157 广西柳州红水河铁路桥

斜拉索由稀索发展到密索。

密索使梁支承于密布的弹性支点上,梁高极薄,数百米桥跨梁高可不足一米,得到惊人的轻薄飞越的美感。

密索的布置引起一系列美学问题。

美国华盛顿州跨哥伦比亚河的 P.K 桥系美国公司与莱翁哈特联合设计,主跨 299m,采用门式支塔支面放射形斜拉索。索上端集中锚于塔顶、下端均匀分布于梁两侧。结构上索的效果较好且省。然而塔顶位置有限,大型钢制锚定索鞍索以三排放射形紧密排列。其结果是每三根索成为扭曲的双曲抛物面,整个索面由夹角方向全不相同的索组成。侧面透视,两个索面交叉重叠,形成杂乱的虚实分割图案。

英法海峡隧道方案之一两岸栈桥亦为放射形支面索(图158、图159)四柱锥形钢管桥塔,建筑图虚绘斜拉索,而实际建成后索的交叉混乱将不异於 P.K 桥。从结构上改进使密索在塔上锚定的分布 ,自塔顶起垂直向下以便于张拉操作的间距排列,下端则均匀分布于梁侧。于是索布置如芭蕉扇的肋的形状。透视下支面索的交织程度较之放射形索有所缓和,一时世界各国

图 158　英法海峡隧道方案之一两岸栈桥(一)

图 159　英法海峡隧道方案之二两岸栈桥(二)

的斜拉桥很多作如此布置,如加拿大的阿那西斯桥,日本安治川桥,西班牙莱昂卢纳巴里奥斯桥,国内新建的如天津永和桥(图160),上海南浦大桥(图161、图162),正在建造的武汉长江

图160 天津永和桥

图161 上海南浦大桥模型

公路桥(图162)主跨400m,和国内最大跨的上海杨浦大桥(图164)主跨602m(桥塔形状现有改变),重庆长江二桥等。

图162   上海南浦大桥

图163   武汉长江公路桥(建设中)——主跨400m

图 164　上海杨浦大桥方案(主跨 602m)

(桥塔造型有改变)

图 165　上海泖港桥

为了较好解决索的交织混乱,支索面采用平行弦式,如上海泖港桥(图165),广东九江桥

(图166)、西樵桥(图167、图168)、马来西亚攀南桥(图169)、美国奥索港尼区斯河桥(图170)等。值得注意的是,当绘制方案,透视图和制作模型时,长短的平行弦索,都是以单根一样粗细出现的(图171),实际上每索并非单根,有时为并列两根;最高处的最长索索数更多,建成后的斜拉桥索并不如透视图那样均匀(图165、图168),平行弦索亦有不规则的疏密变化,并不如理想中那样和谐。因此要克服制造粗索大锚头的困难,争取每索只是单根,和方案透视图相符。

图166   广东九江桥

图167   广东西樵桥透视图

比较彻底地解决索的交织混乱,视觉上的干扰、虚实之间的规律难以理清的问题,不如用单面索,靠箱形梁的扭转刚度承受桥面活载的偏载扭矩。单面索可以采用前述任何形式的索的布置。早期的单面索斜拉桥如丹麦法罗桥(图171)、德国杜塞尔多夫·弗勒埃莱因河桥(图172)、诺伊维特莱因河桥、法国布劳道纳桥、日本大阪海鸥桥、以及近年的墨西哥夸萨夸而科斯桥、美国的

图 168　建成后西樵桥

图 169　马来西亚攀南桥

图 170   美国奥索港尼区斯河桥

图 171   丹麦法罗桥

图 172　德国杜塞尔多夫·弗勒埃莱因河桥

图 173　美国立区蒙·杰姆斯河桥

立巨蒙、杰姆斯河桥(图 173)、阳光桥(图 25、图 174、图 175)等,中国的重庆石门桥、广东广州海印桥(图 27)亦都是单面索。可是石门及海印桥单面而并列多索,海印桥边跨为并列三索,主跨为并列四索,几同于将两个支面索靠拢到顺桥中心。仍嫌有索面重叠过厚,侧视成墙的感觉。

　　密索斜拉桥另一个美学问题是范玑谈到过的"实处亦不离虚"。索是"实",但当索过细后,相对于塔、梁,便似虚笔,特别当油漆或保护层的色彩选择不当。于远处看桥,或在阴晦天气,或黑暗之夜,是实而虚的索面,消失在背景之中(图166、图173)。此时剩下的是突兀的,似乎是光杆的塔,将不能构成完整的桥的韵律。九江桥何以中间立一"梯框"？杰姆斯河桥两端何以立两根"旗杆"？为了克服此缺点,使"有、无"分明,斜拉索往往油漆成金黄或桔黄等醒目的色彩,使成几片虚的实面。夜间则采用散射的塔光,使成几片光彩的画幅(图174、图175)再加上塔顶两点夜间飞机飞行的高度指示红灯,梁上河上几点船只导航红灯,动静、虚实、光影之间,和谐而美丽。

图174　美国泰姆伯湾阳光桥

图175　阳光桥夜景

杰姆斯河桥即使索并不虚到消失，索塔由桥面以下三柱变为桥面以上独柱，已是拗而不谐，并不是很好的布置。

斜拉桥是刚性的桥梁，必须善于利用两个相对面，才能得到和谐和美丽。像直线梁柱桥一样，过刚则使柔化之。

斜拉紧索本身不能柔化。采用上部锚点和下部梁上锚点不在一个平面里，或互相垂直的方法可得支曲抛物的扭曲索面，如图 176 荷兰鹿特丹、威廉姆斯桥，和林同炎构思的洛克——却克桥（图 177）。

梁的柔化采用平竖曲线。平曲线梁的斜拉桥，除洛克——却克桥外，有日本东京 S 形曲线桥等。曲梁斜拉受力比较复杂，设计亦很困难。并且，并非随处都需要弯桥。因此，简单而切于实际需要的是双面坡加竖曲线弯桥。如日本名古屋人行立交桥（图 178）。此桥斜拉索不够醒目，但 A 形桥塔和 ⊓ 形桥墩，斜度一致，甚为协调。桥面弯曲，柔以济刚。图 174、图 175阳光桥桥面线路平竖曲线兼备，平曲线在斜拉桥之外。圆形的防撞墩和图形的桥塔基础互相呼应，布置合理，圆形亦具有柔的性质。因此刚柔关系也处理得恰当，可谓后来居上，柔刚俱全，几乎无懈可击。

有设计变截面圆形塔柱、圆形桥墩、带圆边角的梁、竖曲线路面、平行弦的斜拉桥的方案，目的亦是使刚性的斜拉桥能够避免索的混乱，和刚则济之以柔。

有一座独突的桥梁，瑞士瓦里斯的甘特桥，必需单独地欣赏一下。公路以 S 弯通过山谷，主跨 174m 是直线，两端各 127m 的边孔在弯道上，桥用放射形斜拉索、双面，拉于梁侧。拉索灌筑于混凝土板中。这样做从结构上有三个优点，即：可以保护斜拉索免于锈蚀，可以避免过大的疲劳应力；可以增加梁的刚度。莱翁哈特说："虽然拉索置于混凝土板内，但必须认为是斜拉桥（图 179）。"

桥式是一种新创造，其美学效果如何呢？莱翁哈特认为："使人对该桥非常赞赏，127m 的呈曲线形的边孔特别令人陶醉（墩刚梁柔）。同一桥梁，在明媚的阳光照耀下，郁郁葱葱的山岚，衬托出明亮而巨大的混凝土立面的强烈效果（光影对比），令人惊叹不已。"

设计者自己的认识是："特别强的墩柱和非常窄的梁之间的非同一般的关系，得出不寻常的上部结构的设计。"

莱氏指出，他认为还有可改善的缺点："如果混凝土薄板及桥墩采用较深的颜色，则全桥的外貌将会有所改善。从桥的一端看全桥，觉得桥墩横向倾斜角度太小，从而使人产生一种不自然的感觉。墩壁的凹进处也显得太小了些。尽管该桥作了大胆的创新，当令人钦佩，可是整座桥让人把不住。"

美国别林登教授对此桥赞不绝口，认为是美国洛勃林、瑞士梅拉脱、法国齐霏尔之后第四个有性格的创新者。可也说："驾车过桥时，因路面较窄，致使拉索混凝土板相比之下显得笨重。"

作者未身历此桥。但可以设想，墩高 150m，路面以上高 10m，放射形斜拉索暴露在外，虚而无甚体量。高实墩占有极大比重，虚实之间不甚相称。今斜拉索封在版内，上下体量之比不致失调，虚实图案较不封为美。原本设计者没有想做斜拉桥，只是添一些斜拉索以减少 P.C.梁式桥桥墩处需要 16m 的梁高。和减少伸臂灌筑时的伸臂长度，因此，作为斜拉桥和 P.C 梁之间的变异亦未始不可。

甘特桥新颖桥式已吸引了中外的桥梁设计者，但希望能在技术和艺术上都能发扬优点，避免缺点，不要自己都"把握不住"的情况下盲目地进行模仿。

任何情况，都需因地制宜，选用既实用又经济而美丽的桥型。中国城乡已继"双曲拱热"之

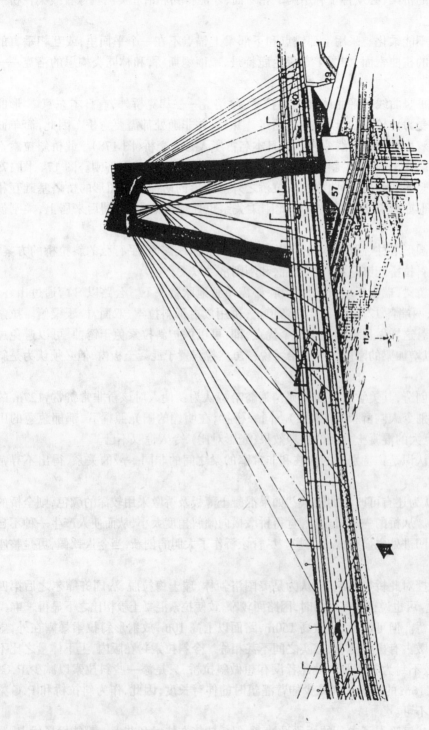

图176 荷兰鹿特丹威廉姆斯桥

后有一股"斜拉热"在流行。虽然物极必反,热会自然而变冷。但在热的过程中,建造一些不适宜的桥梁和浪费宝贵的投资(斜拉桥较贵及保养要求高),是不必要的。

图 177 美国洛克—却克桥

7.4.2 悬索桥

悬索桥从古即有,中国有历史记载可推到公元前 200 年,多数在西南西北的山区。徐霞客初见此种桥型,认为桥索中拱,此桥中悬,悬索乃是"倒拱"。拱受压而索受拉,两者在结构上形式相反作用实相类同。

拱曲线已是柔性的曲线,但柔中有刚。

悬链线亦是柔性的曲线,虽柔中亦有刚,但柔胜而刚弱,所以悬索桥在中国古称软桥。即使是近代的悬索桥,其结构演变的历史是不断地在静力和动力两个方面和过柔作斗争。

悬索桥的结构组成亦为梁、塔和索,和其丰富的变化。

悬索桥的美和拱不同,悬索桥吊塔高耸(拱桥没有塔)悬索下悬,凭虚飞渡,高下起伏气韵生动。

悬索桥和斜拉桥又不同,悬系柔而且刚。主索粗壮,实而不虚;吊索柔细,亦实亦虚。悬索的轮廓线包括主索不大会消失在背景之中,所以桥形清楚,动向分明。

悬索桥宜小宜大,而目前只有悬索桥能达到最大的跨径,气势磅礴,无可伦比。

悬索桥的索

最早悬索桥是直接在索上行走，或单索溜或多索并列。索介于紧索和松索之间。走在桥上波荡不已。桥型如两岸之间悬挂着一片平帛（图 180、图 181）。除了两侧栏杆索到桥头有矮桥柱外，所有走行索都直接锚于嵌在岸侧的右墩之中，所看到的桥，只是薄薄一片。这种格式在中国已经存在了二千多年，至今仍为民间交通服务。原先或为竹索，或为铁链，如今都已换了钢丝绳。安澜桥还是一座多孔连续的索桥。

现代的悬索桥，绝大多数是主索高悬两侧，从主索上下挂吊索，吊挂支承桥面的梁。所以桥面比直接走在索面者为平直。

悬索桥的刚度靠加强索和梁的方法予以加强。图 182 示若干加强索刚度的主要方法。其中第三式是 19 世纪美国所采用过的方法，索为弯桁，是名符其实的倒拱。第六式乃美国桥梁专家史丹门为意大利墨西拿海峡桥 50 年代所提的方案。这两种桥自然刚度最大，从美学观点看来，建筑物上部较实，重心上提，已缺乏悬索桥轻巧飞渡的美感。

第四式支索悬索可以减少加劲梁内的弯矩和减少 S 弯变形。审美角度看来不及第二式为简洁。且如为千米左右大跨，主索在安装后靠横曳力分曳成偏心悬链的形式十分困难。所以该桥式只适宜于 200m～300m 以下的桥跨。我国四川、重庆北培 186m 桥跨的朝阳桥即为此式（图 183）。

图 178　日本名古屋人行立交桥

图 179　瑞士甘特桥

图 180　四川平武民间索桥

图 181　四川灌县安澜桥

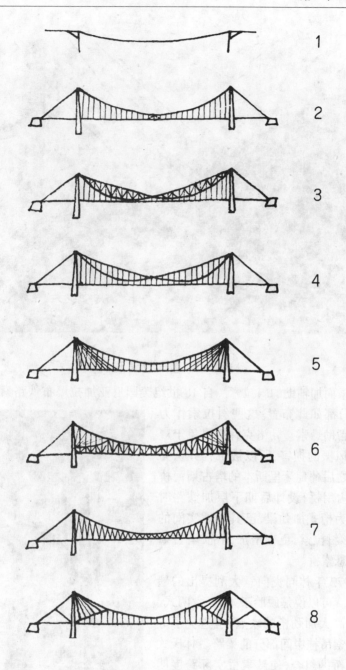

图 182 悬索的各种变化和组合

1 直接走行于桥面的悬索　　2 现代普遍应用的悬索

3 刚性桁架作悬吊主"索"　　4 双索悬索

5 悬索加辅助斜拉索　　　　6 悬索作加劲桁上弦的一部分

7 斜吊索　　　　　　　　　8 斜拉索和悬索结合

图 183　四川重庆北碚朝阳桥

　　第五式为悬索而加辅助的斜拉索。自 18 世纪美国尼亚加拉瀑布铁路索桥和美国纽约勃
洛克林桥(图 184)都如此布置。这些斜拉索作为
额外的安全措施帮助悬索。勃洛克林桥得免于遭
受塔科玛桥一样风振的损害,所以被工程界认为
是英明的措施。之后葡萄牙里斯本的塔古斯河桥
(图 185)为公铁两用桥,设计后期下层加铁路时
再加斜拉索。桥为桁式加劲梁,已具有虚实间的
混乱,再加放射形斜拉索,更会增加混乱,塔古斯
桥称不上美丽的悬索桥。

　　第八式是 1972 年林同炎向意大利提出的墨
西拿海峡桥方案。可以说是脱胎于第五、六两式。
此式避免了六式高大加劲桁的缺点,也避免了五
式以全跨的主悬索吊挂中间部分的梁跨。林氏式
是斜拉桥和悬索桥的组合,使悬索桥实际跨度明
显地缩小。用中国美学分析刚柔的韵律变化,较
一般典型悬索桥为丰富(图 186)可是放射形斜拉
索的美学效果是不足的。图中主索为柔,柔中有
刚;加劲梁为刚,如有竖曲线则刚中有柔。斜拉索
和主塔为刚。虚实的韵律,主索、塔、梁为实,吊索
和斜拉索为实,但实中有虚。虚的图案的变化,林
式为丰富。可惜放射形索所形成透视下虚的图案
的混乱也引进来了。

图 184　美国纽约勃洛克林桥

为了简洁,悬索桥仍以第二式和第七式为所乐用的型式。第二式以中跨中部节点加两条斜吊索以改进桥的变形。第七式则全部为斜吊索。

图 185 葡萄牙里斯本塔古斯河桥

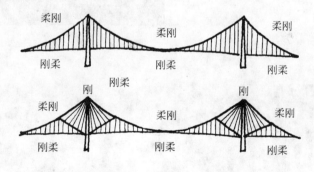

图 186 悬索桥刚柔韵律图

悬索面一般都为在铅垂平面之内。为了增加抗风效果,有时悬索面从塔顶向桥面侧倾斜,正如倒提篮式的拱桥(图 187b)。悬索桥一般都是双面,莱翁哈特从消除双面索扭转震动的结构上的好处,以及美学上单索面简单明了,避免索交织无规律引起视觉上不美的好处,他提出和斜拉桥一样单索面的悬索桥(图 187c)。日本大阪北港连络桥,中孔 300m,便为单索垂直面,即吊索在单索的铅垂面里,活载扭矩靠加劲箱梁负担的自锚式悬索桥(图 188)。莱氏还建议单悬索而吊索向两侧倾斜吊住桥面两边,成两个倾斜面,成为提篮式悬索桥。英国道门朗公司为阿拉伯联合酋长国设计的两孔各 175m,杜贝克里克悬索桥,虽仍为双索,但于中间墩靠拢,集中于 A 形塔的塔顶。(图 189)独具新意,而又符合美学法则的设计,变化千端,美不胜收。

克服悬索桥的软而又不依靠梁来加劲,则需立体地布置悬索,或悬索和斜拉索的组合。中小跨的悬索桥,或管道悬索桥最适宜于这样的布置(图187d)。

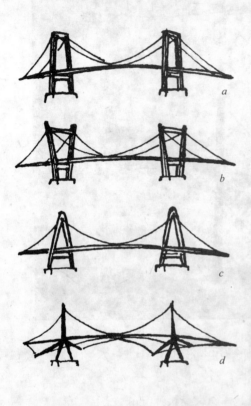

图187　悬索面类型图

图188　日本大阪北港连络桥——中孔300m

图189　阿拉伯联合酋长国、杜贝克里克桥——2×175m

从直接设置于索上的桥面,发展到设置于悬吊在悬索上的桥面,1958年德国芬斯特瓦尔德又设想用预应力混凝土版作悬索桥,车辆直接走行于版面。已过去了35年,虽然也造过几座小跨人行和道路桥,可是发展比较缓慢,有待进一步研究。我国1989年在黄河上架设了一座跨径约450m的钢索桥,车辆直接走行在并列的索面上。"薄薄难承雨,翻翻不受风"(范成大)其"软"的性能仍需予以克服。

悬索桥的梁

悬索桥创始于中国,应用于西欧,发展于美国,变革于英国,在日本得大量地建造。通过发展和变革,悬索桥基本上分为美国式和英国式两大类型。其区别重点在吊索和加劲梁。

旧式悬索桥加劲梁为桥面板,纵横梁系统和主索下两道钢板梁。当年索桥审美要求就是索轻、梁薄、塔墩厚重。

1833 年英国伦洞悬索桥被吹垮,1940 年美国塔科玛桥目睹其被并不太大的风速扭振吹垮。引起桥梁工程界极大的震动。经理论研究,风动试验,美国式的解决方法是采用加劲桁梁,梁高自1/50～1/100桥跨。桥面中部和两侧有沿桥纵向全长的透风栅,以减弱涡脱激震。

典型的美国式悬索桥如英国朴里茅斯·塔玛桥,主跨 335m(图 190);美国旧金山金门桥,主跨 1280m(图 191);和美国纽约威拉札诺桥,主跨 1298m(图 192)。日本规模宏大的本四联络桥群中十座悬索桥也都是美国式(图 193)。

图190 英国朴里茅斯·塔玛桥——335m

美国式悬索的审美效果是索轻、梁劲、塔薄、墩重。一定的角度(如图 190、图 191、图 192)看是美的。另一个角度(如图 185)彻底看清桁的各种杆件系统时就不美了。这就不能说是十全十美。

美国式悬索桥加劲桁达到一定刚度,便可不靠斜拉索帮助,设计建造公铁两用桥。然而用钢量是十分可观。近视本四联络桥,便有一种庞然的感觉(图 193)。

并不排斥用桁架作为悬索桥的加劲梁,只要上弦为桥面,下弦亦是整板形,使任何一个角度只能看见一片桁架,便不会得到干扰的画面。如丹麦 1976 年的大带海峡桥方案(图 194、图 195)。

图 191 美国旧金山金门桥——主跨 1 280m

图 192 美国威拉札诺桥——主跨 1 298m

图 193 日本本四联络桥——儿岛坂出线

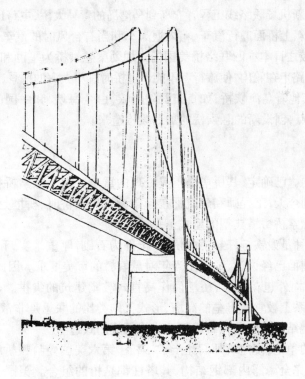

图 194 丹麦大带海峡桥方案(1978)
——桥跨 1 416m

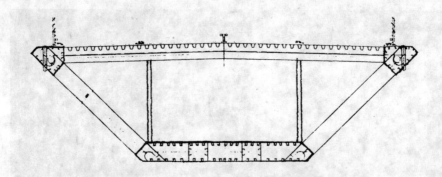

图 195　丹麦大带海峡桥 1978 年方案钢加劲桁截面图

英国於 60 年代对悬吊桥进行了革新。英国的吉尔勃脱·罗勃兹(Gilbert Roberts)用风洞实验创制了仅 3m 箱高的流线形梭式钢箱梁,以减弱和消除涡脱激振现象,使悬索桥在结构和造型两方面都起了革命性的变化。1966 年实际应用于英国塞佛恩桥,主跨985m(图 196),与1964 年英国最后一座美国式经典悬索桥,主跨 1 006m 比,节约钢材 20%。于是索桥又回到索轻、梁薄的审美形象,并且彻底避免桁的混乱。英国接连修建了土耳其,博斯普鲁斯海峡桥(图 197)和目前尚保持最大跨径的恒伯桥(图 199),主跨 1 410m。英国式悬索桥,既是梭形钢箱加劲梁,且是斜吊索。1970 年建成的丹麦小带海峡桥,主跨 600m,为英国式悬索桥,但吊索为垂直索(图 198)。

正在兴建的香港新机场联络线工程青衣岛到马湾岛的青马大桥,主跨1 370m,梭形钢箱梁同时在上下开透风栅。箱上桥面通行汽车,箱内通火车和当有台风时的汽车通道。这是英国式悬索桥而能公铁两用,较之日本本四联络桥美国桁式加劲梁悬索桥为平静和谐(图 200～图 202),轻巧简洁。缺点是铁路走在箱内,使旅行者不能于过桥时眺望大海的风景,失去了美的享受。

在设计世界上其他著名海峡桥,如直布罗陀海峡,白令海峡,和中国的琼州海峡等跨海大桥时,得避免这一缺点,创设新的悬索桥的加劲梁构造来。

悬索桥的塔

悬索桥本身的韵律已确定,其桥塔是审美处理的重点。因为悬索桥桥跨较大,桥塔高耸,极为引人注目。直到今天,工程师和建筑师在合作设计悬索桥时,桥塔是建筑师著意的地方。纵观近 200 年世界悬索桥桥塔典型的型式汇总如图。

图中第一、二两种是锻铁链杆悬桥的桥塔,全部为石砌,厚重笨实,和悬孔成强烈的轻重,虚实刚柔的对比。前面已经说过,形成了当年对悬索桥的审美要求。因此,第三式美国勃洛克林桥,桥塔是钢结构而外包花岗石,桥塔门作高直式教堂建筑的尖拱。一接触悬索桥塔的设计,建筑师们立即联系上教堂或堡垒的高塔,形式上作类比的联想是非常自然的。于是美国华盛顿桥(第四种)为钢结构外包花岗石成堡垒式或凯旋门式造型。

真和美的关系的争论,使建筑师们让步了,第五、第六美国曼哈顿桥和华盛顿桥桥塔都剥去了花岗石"伪"装,完全暴露内部钢结构,其塔柱都是桁的组合。美国屈立堡桥塔的方案之一,塔柱成拼制的钢整体柱,桥门仍取教堂的尖拱,亦没有被采用。

自第八至第十二桥塔以两根粗柱、加上横梁和十字剪刀撑,成为桥塔的一种定型设计。横梁或简单,或附加拱杆的比较复杂的形式,由繁到简,由实到虚。加上桥塔设计技术上的进步

图 196　英国塞佛恩桥——(1966)主跨 985m

图 197　土耳其博斯普鲁斯桥——(1973)主跨 1074m

（由上端自由,下端固定,改为上端靠索弹性支承,下端固定),塔的尺寸减小,重量减轻,悬索桥的索、梁、塔逐步趋向于和谐。

图 198　丹麦小带海峡桥

图 199　英国恒伯桥

　　自第十三至第二十桥塔都用刚架式。剪刀撑式桥塔在水平力作用下,材料比较经济。当恒载全部架设后,塔柱所受轴向力变形同时也传到剪刀撑,使之加大截面。在安装过程中需要采取措施,消除这一影响,或即用刚架式结构,同时也改善了塔的审美形象。金门桥桥塔(第十三)

图 200　香港青马大桥方案(1 413m)

图 201　香港青马大桥方案(1 370m)

图 202　香港青马大桥钢箱梁剖面图

桥面以上成层叠刚架,节节内收,自成向上收敛的节奏,桥面下用剪刀撑,目的是使桥塔柱经济一些,建筑形式上产生变调,其间的衔接不太好处理。自第十四以式全塔桥面上下造型为一致。

自英国塞佛恩桥以后,桥塔采用滑模施工的钢筋混凝土塔(第十七至二十),塔身截面更具有可塑性。从棱角分明的直线形(刚)改为圆角(图199)或圆柱(图203),引入柔性的线条,柔以克刚,刚柔相济。

由实到虚,由繁到简,简到一横两竖的桥塔,除非连横撑都简去已是不能再简了,物极必反,又要开始向较繁的方向演化,已经有在两塔柱之间插入某种图案式联结的方案设计,这就不足为奇了。

悬索桥的锚墩

斜拉桥索力都自锚于梁,悬索桥索力亦有自锚于梁(中小跨)基本上都是锚定于锚墩。锚墩对于悬索桥桥跨和塔高相比,似乎尺寸不大,可是和人相比,实乃庞然大物。1 000m左右的悬索桥,索对锚墩的水平拉力为 $2\times10^5kN\sim4\times10^5kN$。

锚墩设计视地质条件而定。最理想是锚于石层,不得已则放置于非石层的坚实土壤上。所以,基本上分为两种结构,即隧道式直接锚于石层中,及重力式放置基底上。后者需要一定的尺寸和重量。

建筑处理不外消除法,即使锚墩埋在地下仅露小部分出地面。如英国福斯桥,主跨1 005m。为岩层地锚式。丹麦小带海峡桥,主跨600m,为埋于地下的扁平锚块。悬索桥只有纤细的索,轻薄的梁和塔,看不见锚墩。

不显著法,即根据地质条件,重力锚墩只露部分出土地,虽有但不显著,如葡萄牙塔古斯河桥,主跨1 012m,基础嵌入石层,上部露出土面;美国新港桥,主跨488m,动力式锚墩大部分淹在海水中,只小半部分露出水面。悬索桥只看到体量不大的锚墩,可以设计得和引桥桥墩比较地协调。

对比法,即那些重力式桥墩,大部分暴露可见,和索塔,引桥梁柱成强烈的对比。如华盛顿桥、威拉张诺桥、恒伯桥、木四联络桥等。

对比法虽然也是建筑处理的方法之一,本身可以构成美的一种。可是锚墩尺寸实在太大,1 000m左右悬索桥其侧立面尺寸可达2 000m² ～ 3 000m²。如此一块大、板、实的面,有一种压迫的感觉。"板则活之";"结实使之空灵",大多数使用的办法是将大板面分格刻槽,或刻划上一定的图案,图204便是若干实例。

法国坦肯维尔桥于锚墩面凸出刀形图案,似乎索靠这样的结构所承受;威拉张诺桥墩面刻作一系列与索并行的斜线条;恒伯桥将桥台面分作五块竖板,每块上均作凸出条纹;南备赞濑户桥墩面划成粗细不同的横线条;东京港桥研究了十二个方案或强调横、直、斜、波纹等划线,甚至刻划成壁画式图案,最后还是确定用锚碇上边舆索相连续的线形,墩四角作成圆角(图204—5、图205)。无论那一种划线方案。所构成一些光影(阴阳)和虚实的变化,其虚乃虚假的。当阴云天气,光影不明显时,"虚"的线条便消失了。

实际上锚墩内所必需的结构,仅为转角支撑柱,分散钢丝拉杆和锚碇拉杆,以及足够重量的混凝土。所有1—5的锚墩,内部都有很大的空间,没有被充分利用。所以大带海峡桥的锚墩(图204—6、图206)以最经济的方式,用钢筋混凝土外壳,把实际需要的结构包起来,得出真正的有虚有实,有韵律变化的锚墩布置。悬索桥的索梁、塔、墩,取得了比较完美的和谐。

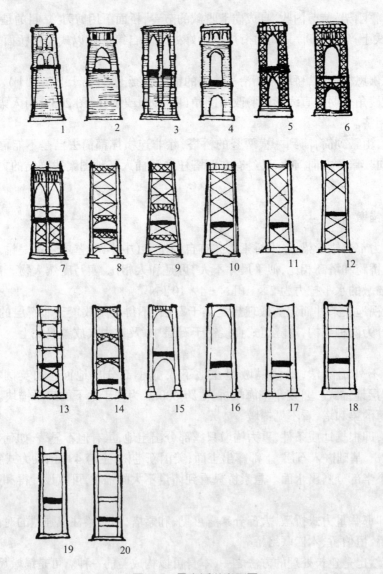

图 203　悬索桥塔类型图

悬索桥的组合

1　英国门奈桥 1826 年,180m	11　英国福斯桥 1964 年,915m
2　瑞士克列夫敦桥 1859 年,214m	12　日本南北备赞桥
3　美国勃洛克林桥 1883 年,486m	13　美国金门桥　1937 年,1 280m
4　美国华盛顿桥方案 1931 年,1 067m	14　美国麦金纳桥 1957 年,1 159m
5　美国曼哈顿桥 1909 年	15　美国白石桥 1939 年,701m
6　美国华盛顿桥 1931 年,1 067m	16　美国威拉张诺桥 1964 年,1 298m
7　美国屈立堡桥 1936 年	17　日本东京港桥
8　美国台尔威桥 1926 年,534m	18　英国塞佛恩桥 1966 年,988m
9　美国熊山桥	19　丹麦小带海峡桥 1970 年,600m
10　美国旧金山桥 1937 年,704m	20　英国恒伯桥 1980 年,1 410m

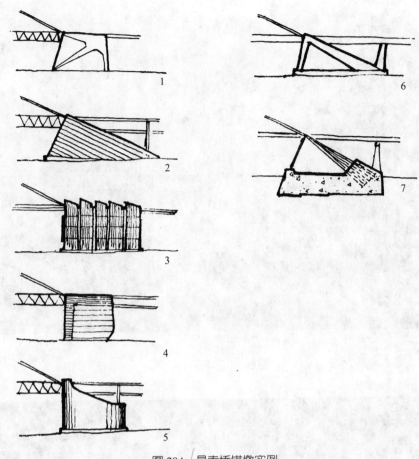

图 204 悬索桥锚墩实例

1 法国坦肯维尔桥 1959 年, 608m 中跨   2 美国威拉张诺桥 1964 年, 1 298m
3 英国恒伯桥 1981 年, 1 410m   4 日本南备赞濑户桥 1990 年, 1 100m
5 日本东京港桥 1988 年, 570m   6 丹麦大带海峡桥 1978 年方案, 1 416m
7 锚墩内实际需要结构

　　主桥采用了悬索桥, 其主旋律已经确定, 其次便是采用何种型式的引桥? 主引桥如何衔接等, 都是美学处理的重点。整个桥梁, 其韵律的变化, 成为一个完整的乐章。引桥可以是梁柱式或拱桥。一般都采用前者, 取其结构简单, 节奏明确。只是在墩或柱上下些功夫, 求得美观的造型。金门桥采用钢桁拱。丹麦大带海峡桥式锚墩的出现, 可以想像以斜腿刚构作为引桥, 使旋律有一定的连续性 (图 207)。当然, 只要结合功能、地形、和符合美学法则, 组合是千变万化、无穷无尽的。

　　目前悬索桥的最大跨约可做到 5 000m 左右, 将来材料和技术上的改进, 也许还可更大些。然而现在要求建桥的海峡, 少则几公里, 多则数十公里, 通航船只载重可在十余万吨以上, 因此需建多孔大跨的悬索桥。美国旧金山, 奥克兰桥采用两联悬索桥, 中间合用一大锚墩。这样的布置, 以主塔间距相等, 即边跨约等于一半主跨为和谐。日本本四联络桥南北备赞桥亦为两联, 中间合用锚墩, 限于地形设置基础方便, 以及可能由于考虑经济的中跨比, 边跨较小, 重大的中间锚墩插在两塔之间, 似乎稍嫌局促 (图 193)。用丹麦大带海峡桥式的锚墩作中间墩, 可以消除局促的压迫的感觉, 增加虚实韵律的变化 (图 208 中)。

图 205   日本东京港桥

图 206   丹麦大带海峡桥——（原设计为 1 416m，主跨公铁两用
桥 1992 年改为 1 624m 公路桥，铁路走隧道）

在研究直布罗陀海峡桥方案时，曾有提出 A 字形塔的连续悬索桥方案（图 208、图 209）以石油
钻进平台，钢筋混凝土壳体柱式基础。其桥形不断地起伏、张敛。虽然造型还不够动人，这是
一个尝试。好的方案估计将会层出不穷。

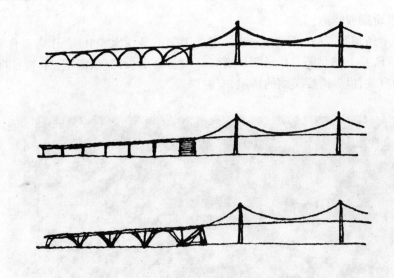

图 207 悬索桥引桥方案

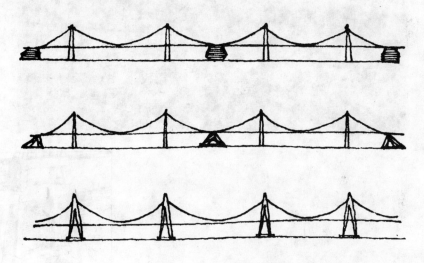

图 208 多孔大跨悬索桥布置

壮阔的海峡上修桥,自然尽量利用海中岛屿,跳岛修筑,于是成为桥的系列,是一首有多乐章的长乐曲。美学要求很好地写好各个乐章使成有机的联系,有很好的呼应和过渡。试以香港到大屿山新机场联络线上汲水门桥和青马大桥为例(图 210)。原计划两者都为悬索桥。一小一大。相似于图 155 的南斯拉夫克而克桥。后汲水门桥中选者为双面,芭蕉扇形索斜拉桥,似乎不及原方案为协调和谐。此式斜拉桥美学上的优缺点见 7.4.1 节,有混乱、喧闹、斜拉密索是实亦虚,有"消失"成孤耸桥塔不连续的景色的时候。以刚柔的韵律来比较,前者的韵律是:刚—柔_刚—刚—柔_刚—柔_刚—刚。是起和伏的韵律。后都则是:刚—刚—刚—柔_刚—柔_刚—刚,刚胜于柔。斜拉桥的起伏是突兀的转折。况且两桥都是公铁两用桥,梁无竖曲线,始终是刚性的直梁。从中国刚柔相济,得中为上的美学观点,以何者为和谐,自可了然了。

因同样的方法可以分析本四联络桥的儿岛坂出线。虽然,美是相对的,有各民族喜爱的区别。能建设成这样伟大的工程是不容易的。

中国有绵长的海岸线,有数不清的海湾需要建桥。有琼州海峡、渤海海峡和台湾海峡三大海峡,需要建设桥梁或隧道。

联结雷州半岛和海南岛的琼州海峡,最窄处 19km,最深水 100m。作者曾作初步的研究,并为之奔走呼吁,并上书北阙。兹录所作赠海口市前李市长词〈望海潮〉作本书的结束语。中国需要美丽的桥梁,世界需要美丽的桥梁,有厚望焉。

图 209　直布罗陀海峡桥方案

图 210 香港大屿山线汲水门桥及青马大桥

望海潮

南国明瓘,東方檀島,瓊崖
故郡新貌。坡老投荒(筆音誤)
人家碧澱接青霄,銀濤洗
白沙。海角天涯,帀列珠璣,
地藏金鐵富圖着錦綠壤,
指明霞,擬藍鱗敝機似介,
添花港,旅通邅談笑席間,
引將賈,通峽橋隧浮橇。
異數。環球名大陸
誇。日北連大陸留與子孫
詩。

唐寰澄
五五年